云海科技 编著

TArch
天正建筑设计
新手快速入门

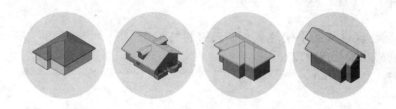

化学工业出版社

·北京·

本书是一本天正建筑 TArch 8.5 的案例教程，全书按照建筑绘图的流程，通过 90 个技巧点拨+218 个课堂举例+238 个视频教学，系统讲解了最新的天正建筑软件 TArch 8.5 的各项功能及其在建筑工程设计中的应用。

全书共 9 章，循序渐进地介绍了 AutoCAD 2012 基础知识、轴网、柱子、墙体、门窗、楼梯、室内外设施、房间及屋顶的创建与编辑，立面图和剖面图的生成，以及文字、表格、标注、三维建模及图形导出等内容。

本书采用"功能说明+课堂举例"的案例教学模式，以实例形式说明各功能的含义和应用方法；每章最后都给出了一些与实际应用相结合的典型实例，便于读者巩固所学知识；并且每章均有小结及练习题，作为课后复习和上机练习。

本书配套光盘除包括全书所有实例的源文件外，还提供全书 218 个课堂举例和所有综合实例共 238 个视频教学，手把手地指导，可以成倍提高学习兴趣和效率。

本书内容依据建筑图形的实际绘制流程来安排，特别适合教师讲解和学生自学，以及具备计算机基础知识的建筑设计师、工程技术人员及其他对天正建筑软件感兴趣的读者使用，也可作为各高等院校及高职高专建筑专业教学的标准教材。

图书在版编目（CIP）数据

TArch 天正建筑设计新手快速入门 / 云海科技编著.
北京：化学工业出版社，2012.6
ISBN 978-7-122-14050-0

Ⅰ. T⋯　Ⅱ. 云⋯　Ⅲ. 建筑设计：计算机辅助设计-
应用软件，TArch　Ⅳ. TU201.4

中国版本图书馆 CIP 数据核字（2012）第 072697 号

责任编辑：满悦之		文字编辑：颜克俭
责任校对：徐贞珍		装帧设计：尹琳琳

出版发行：化学工业出版社（北京市东城区青年湖南街 13 号　邮政编码 100011）
印　　装：大厂聚鑫印刷有限责任公司
787mm×1092mm　1/16　印张 17　字数 424 千字　2012 年 8 月北京第 1 版第 1 次印刷

购书咨询：010-64518888（传真：010-64519686）　售后服务：010-64518899
网　　址：http://www.cip.com.cn
凡购买本书，如有缺损质量问题，本社销售中心负责调换。

定　　价：39.80 元（附光盘）

前　言

TArch 是国内率先利用 AutoCAD 平台开发的最新一代建筑设计软件,它以其先进的建筑设计理念服务于建筑施工图设计,现已成为建筑 CAD 正版化的首选软件之一,也成为用户之间交换文件的事实标准。在各级建筑设计单位中,90%以上的设计师们都在使用天正软件,如国内最高建筑上海金茂大厦施工图,正是由天正建筑软件辅助完成。

本书以 AutoCAD 2012 和 TArch 8.5 为最新版本编写,首先介绍了 TArch 8.5 的运行平台——AutoCAD 的基础知识,然后深入讲解了 TArch 建筑软件的应用知识,包括绘制轴网、柱子、墙体、门窗、楼梯、室内外设施、房间及屋顶的创建与编辑,立面图和剖面图的生成,以及文字、表格、标注、三维建模及图形导出等内容。

本书按照建筑工程设计的流程安排相关内容,书中列举了大量的工程实际应用案例,不仅便于读者理解所学内容,又能活学活用。

除利用丰富多彩的纸面讲解外,还随书配送了多功能学习光盘。光盘中包含了全书讲解实例的源文件素材,并制作了全程实例动画同步讲解视频教学。

本书具有如下特点。

(1)案例教学　易学易用　全书结合精心设计的范例进行概念和理论部分阐述,通俗易懂、易学易用,每章课后都有练习和上机操作,便于巩固所学知识,以达到学以致用的目的。

(2)内容丰富　讲解全面　本书从 AutoCAD 基础知识讲起,按照建筑设计的流程,循序渐进地介绍了轴网、柱子、墙体、门窗、楼梯、室内外设施、房间及屋顶的创建与编辑,立面图和剖面图的生成,以及文字、表格、标注、三维建模及图形导出等内容,包括天正建筑 TArch 8.5 的全部功能和知识点。

(3)视频讲解　学习轻松　本书附赠光盘内容丰富超值,不仅有实例的素材文件和结果文件,还有由专业领域的工程师录制的共 238 个实例的全程同步语音视频教学,让您仿佛亲临课堂,工程师"手把手"带领您完成行业实例,让您的学习之旅轻松而愉快。

本书由云海科技组织编写,具体参加编写和资料整理的有:陈志民、李红萍、陈运炳、刘清平、申玉秀、李红萍、李红艺、李红术、陈云香、陈文香、陈军云、彭斌全、林小群、钟睦、刘里锋、朱海涛、廖博、喻文明、易盛、陈晶、张绍华、黄柯、何凯、黄华、陈文轶、杨少波、杨芳、刘有良、刘珊、赵祖欣、齐慧明、胡莹君等。

由于编者水平有限,书中疏漏之处在所难免。在感谢您选择本书的同时,也希望您能够把对本书的意见和建议告诉我们。

读者服务邮箱:lushanbook@gmail.com

编　者

2012 年 6 月

目　录

第1章 天正建筑软件绘图基础

天正建筑 CAD 软件被广泛应用于建筑施工图设计和日照、节能分析，支持最新的 AutoCAD 图形平台，并逐渐得到多数建筑设计单位的认可，成为设计行业软件正版化的首选。

最新的 TArch 8.5 版本支持包括 AutoCAD 2002～2012 多个图形平台的安装和运行，本章将讲述天正建筑软件与 AutoCAD 的关系和兼容性、天正建筑软件的操作界面及 AutoCAD 的基础知识等。

1.1 天正建筑软件简介

天正建筑软件采用自定义对象技术，以建筑构件作为基本设计单元，可以把内部带有专业数据的构件模型作为智能化的图形对象进行处理，具有人性化、智能化、参数化和可视化等特点。

1.1.1 天正建筑软件与 AutoCAD

天正建筑软件是在 AutoCAD 基础上二次开发的，因此其操作方式与 AutoCAD 基本相同，但同时也有其自身的特点。本书讲解的 TArch 8.5 可以在 AutoCAD 2000～2012 版本上安装并运行。

天正建筑对象可以使用 AutoCAD 通用的编辑功能，包括基本编辑命令、夹点编辑、对象编辑、对象特性编辑、特性匹配（格式刷）等，用户还可以用鼠标双击天正对象，直接进入对象编辑或者对象特性编辑。

但是天正建筑软件与 AutoCAD 的兼容性也值得注意。由于建筑对象的导入，使得普通 AutoCAD 不能观察与操作图档中的天正对象。为了保持紧凑的 DWG 文件的容量，天正默认关闭了代理对象的显示，使得标准的 AutoCAD 无法显示这些图形，必要时可以通过"高级选项"命令打开代理对象显示，保存带有代理对象的图形。

此外，也可以在普通 AutoCAD 上安装天正插件，或者将天正图形导出为天正 3 版本格式，以保证天正图形格式能被大多数 AutoCAD 版本直接打开。

> **提示** 天正建筑软件 8.5 对软硬件环境的要求取决于 AutoCAD 平台的要求。只绘制工程图的用户，可以使用 Pentium 4 + 512M 内存这一档次的机器；如果用于三维建模，推荐使用双核 Pentium D/2GMz 以上 + 2GB 以上内存以及使用支持 OpenGL 加速的显示卡。

1.1.2 天正建筑软件绘图的特点

使用天正建筑绘制建筑施工图，可以大大提高绘图的效率，减少绘图工作量。

（1）二维图形与三维图形设计同步

使用 TArch 绘制建筑图形，三维图形也可以同步生成，如图 1-1 所示为二维图形与三维图形设计同步的效果。

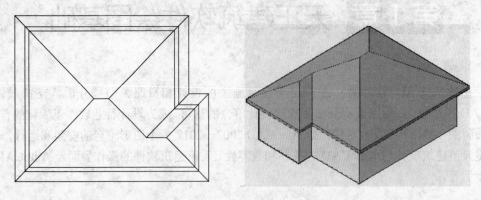

图 1-1　同步生成二维图形与三维图形

技巧　二维图形绘制完成后，单击绘图区左上角的"视图控件"按钮，将视图转换成东北等轴测视图；单击"视觉样式控件"，将图形以"概念"样式显示，即可观看其三维效果。

（2）直接绘制建筑构件

天正建筑在 AutoCAD 基础上增加了用于绘制建筑构件的专用工具，用户可以调用建筑构件的绘制命令，直接绘制出墙线、柱子、门窗等建筑图形。

例如，用户可以调用"门窗"命令，在【门】|【窗】对话框中设置相应的门窗参数，即可在平面图中绘制门窗图形，结果如图 1-2 所示。

（3）预设智能特征

从 TArch 5.0 版本开始，天正公司即预设了许多智能特征。例如门窗碰到墙，墙就自动开洞并装入门窗，如图 1-3 所示，从而大大提高了绘图的效率。

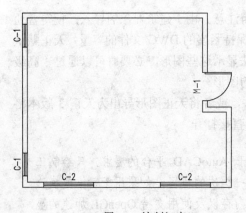

图1-2　绘制门窗

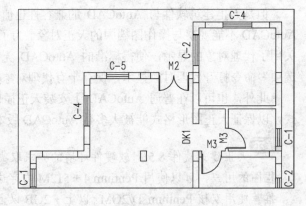

图 1-3　自动开洞

（4）图库管理系统和图块功能

TArch 8.5 的图库管理系统支持贴附材质的多视图图块，支持同时打开多个图库的操作；可对对象进行编辑，随时改变图块的精确尺寸与转角，图 1-4 所示为【天正图库管理系统】对话框。

（5）全新的文字表格功能

TArch 8.5 能方便快捷地输入文字的上、下标和特殊字符，还提供了加圈文字，方便轴号的表示。双击需要编辑的文字就可进入在位编辑状态，对其进行修改。此外，与 Excel 的数据双向交换功能，使工程制表和办公制表一样方便高效，图 1-5 所示为【表格内容】对话框。

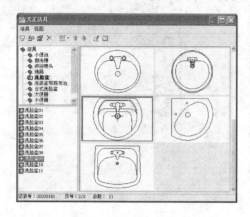

图 1-4 【天正图库管理系统】对话框   图 1-5 【表格内容】对话框

1.1.3 安装、启动和退出天正建筑软件

（1）安装天正建筑软件

在电脑上安装了 AutoCAD 并能正常运行后，才能安装天正建筑软件。TArch 的安装方法较简单，双击安装图标，在弹出的对话框中选择相应的选项，如图 1-6 所示。然后单击"下一步"按钮，在弹出的对话框中选择安装位置及要安装的组件（保持默认设置）进行安装即可。最后单击"完成"按钮，关闭对话框，如图 1-7 所示。

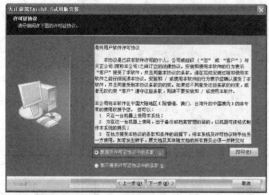
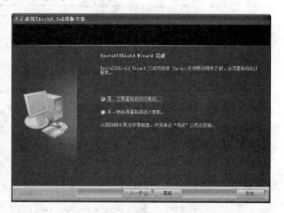

图 1-6 选择相应的选项   图 1-7 单击"完成"按钮

（2）启动天正建筑软件

天正建筑软件安装完成后，双击桌面上的"天正建筑 8"图标，或者选择【开始】|【程序】|【天正建筑 8】|【天正建筑 TArch 8】菜单，都可启动天正建筑程序，结果如图 1-8 所示。

（3）退出天正建筑软件

单击软件界面右上角的"关闭"按钮 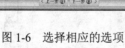，或者单击"菜单浏览器"按钮，在弹出的 AutoCAD 菜单中选择"关闭"命令，如图 1-9 所示，都可退出天正建筑软件。

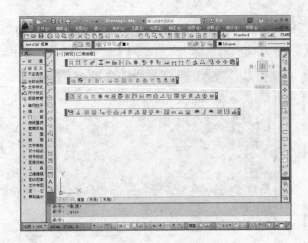

图 1-8 软件界面

图 1-9 选择"关闭"命令

1.2 天正建筑软件的操作界面

TArch 运行在 AutoCAD 平台之上，对 AutoCAD 的交互界面进行了扩充，添加了一些专门绘制建筑图形的折叠菜单和工具栏。同时，保留了 AutoCAD 所有的菜单项和图标，保持 AutoCAD 原有的界面体系，方便用户使用，如图 1-10 所示为天正建筑软件的工作界面。

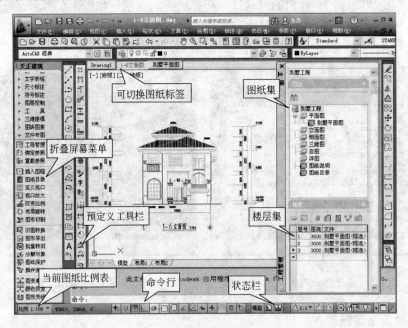

图 1-10 天正建筑软件的工作界面

提示 中文版 AutoCAD 2012 为用户提供了"草图与注释"、"三维基础"、"AutoCAD 经典"和"三维建模"4 种工作空间。本书统一使用"AutoCAD 经典"工作空间，如图 1-10 所示。

1.2.1 折叠式屏幕菜单

折叠式屏幕菜单是天正建筑的特色界面，位于屏幕的左侧，使用热键 Ctrl+，或者在命令行输入 TMNLOAD 命令，按回车键，都可打开屏幕菜单。

TArch 的主要功能都可以在折叠式屏幕菜单中找到，单击上一级菜单可以展开其下一级菜单；同级菜单之间相互关联，展开另一级菜单时，原来的菜单会自动合拢，如图 1-11 所示。菜单项全部提供 256 色图标，图标设计不但具有专业含义，而且方便用户记忆，从而能帮助用户快速准确地找到菜单项的位置。由于屏幕的高度有限，可以用鼠标滚轮上下滑动来选取当前不可见的项目。

技巧 单击天正折叠屏幕菜单左上角的"最小化"按钮━后，菜单会自动隐藏为一个标题；将光标放在标题上，菜单会自动弹出；要恢复菜单的正常显示，单击其左上角的"自动隐藏"按钮▣即可。

1.2.2 自定义和常用工具栏

在命令行中输入 ZDY，按回车键，或者单击自定义工具栏中的"自定义"按钮，打开【天正自定义】对话框，在"屏幕菜单"选项卡中，可以对屏幕菜单的风格进行设置，如图 1-12 所示。

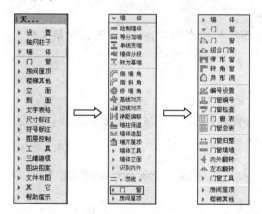

图 1-11 折叠式屏幕菜单

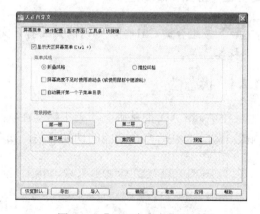

图 1-12 【天正自定义】对话框

在工具栏旁边的空白区域单击鼠标右键，在弹出的快捷菜单中选择 TCH 选项，在弹出的菜单栏中选择常用工具栏，如图 1-13 所示，即可在屏幕上显示相应的工具栏。

天正建筑工具栏由三个常用工具栏和一个自定义工具栏组成，如图 1-14 所示。"常用快捷功能 1/2"工具栏向用户提供了在绘图过程中经常使用的命令；而"常用图层快捷工具"则提供了快速操作图层的工具。

图 1-13 选择常用工具栏

图 1-14 天正建筑工具栏

1.2.3　文档标签

在天正建筑中可以同时打开多个文件，每个打开的图形的文件名都显示在绘图区上方的文档标签上；单击某一标签即可将该标签中的图形切换为当前图形，如图 1-15 所示。

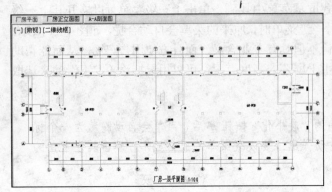 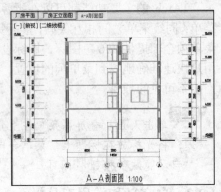

图 1-15　切换图形

将光标置于文档标签上，单击鼠标右键，可以在弹出的快捷菜单中选择"关闭文档"、"图形导出"等操作命令。

提示　按组合键 Ctrl+－，可以隐藏或打开文档标签。按组合键 Ctrl+Tab，可以切换文档标签。

1.2.4　状态栏

在 AutoCAD 的基础上，天正建筑在状态栏上增加了比例设置下拉列表和基线、填充、加粗、动态标注等多个功能的切换开关，如图 1-16 所示。

图 1-16　状态栏

1.2.5　工程管理工具

单击【文件布图】|【工程管理】菜单命令，即可打开"工程管理"面板。在该面板上单击"工程管理"，在弹出的下拉列表中可执行"新建工程"、"打开工程"等多项操作，如图 1-17 所示。

选择"新建工程"选项，根据系统的提示新建工程后，可以看到"图纸"管理区增加了"平面图"、"立面图"、"剖面图"、"三维图"等管理项；鼠标右击"平面图"选项，可以在弹出的菜单中执行"添加图纸"、"添加类别"等操作，如图 1-18 所示。在"楼层"管理区可创建楼层表及生成建筑立面图、建筑剖面图和三维模型。

技巧　在命令行输入 GCGL，按回车键，也可打开"工程管理"面板。

图 1-17 执行操作 　　　　　图 1-18 添加图纸

1.3 AutoCAD 操作基础

使用 AutoCAD 的相关命令和天正建筑软件一起绘制建筑工程图，可以取长补短，本节介绍 AutoCAD 的一些基础知识，使读者可以熟悉其操作环境，掌握其基本操作。

1.3.1 图层、线型和线宽

图层是 AutoCAD 一个管理图形的工具。在设置图层的状态、名称、颜色等属性后，该图层上所绘制的图形就会继承图层的特性。

（1）图层

在命令行中输入 LAYER，按回车键，弹出【图层特性管理器】对话框，单击"新建图层"按钮　，即可创建新图层，如图 1-19 所示。依次单击该图层右侧的"颜色"、"线型"、"线宽"等选项，可以设置图层对应的属性。

打开"图层"工具栏的下拉列表，单击选中某个图层，可将该图层置为当前，如图 1-20 所示。

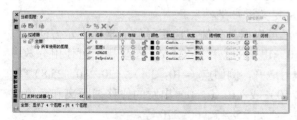 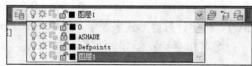

图 1-19 创建新图层 　　　　　图 1-20 将图层置为当前

注意 在【图层特性管理器】对话框中，双击选中的图层，也可将图层置为当前。单击图层名称前的各种符号，如开/关图层符号 　，冻结/解冻符号 　 等，可对图层的状态进行设置。

（2）设置对象的颜色、线型及线宽

如果想改变对象在当前图层的颜色、线型等属性，首先要选中该对象，然后单击"特性"

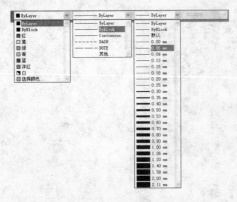

图 1-21　改变属性

工具栏中的"颜色控制"、"线型控制"、"线宽控制"选项，在弹出的下拉列表中进行设置即可，如图 1-21 所示。

1.3.2　精确定位点工具

在 AutoCAD 中，可以利用输入坐标值、辅助定位点功能和捕捉已绘制图形的特定点，来快速地定位点，从而精确地绘制图形。

（1）坐标系和坐标

AutoCAD 默认的坐标系为世界坐标系，位于绘图区的左下角，由 X 轴和 Y 轴组成；假如处在三维空间，则还有一个 Z 轴。世界坐标轴的交汇处显示为一个"口"字形的标记，如图 1-22 所示。

用户也可根据自己的喜好，设置用户坐标系。在世界坐标系上单击鼠标右键，在弹出的快捷菜单中选择"原点"选项，如图 1-23 所示。此时世界坐标系切换为用户坐标系，如图 1-24 所示。

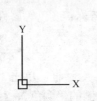

图 1-22　世界坐标系

图 1-23　选择"原点"选项

图 1-24　用户坐标系

> **提示** 执行【工具】|【新建 UCS】|【三点】、【三点】、【旋转轴】或者【Z 轴】命令，或者在命令行输入 UCS，按回车键，都可定义用户坐标系。

点的坐标主要分为三种，在绘图过程中，可根据具体情况选择最佳的坐标表示方法。

绝对直角坐标：从（0，0）或（0，0，0）出发的位移，X、Y、Z 坐标值可使用分数、小数、科学计数等形式来表示，坐标间需用逗号隔开，例如点（-10，3.4）、（20，30，25.8）等。

绝对极坐标：给定距离和角度，从（0，0）或（0，0，0）出发的位移，距离和角度用"<"隔开。X 轴正向为 0°，Y 轴正向为 90°，如 25<45、60<270 等。

相对坐标：相对于某一点的 X 轴和 Y 轴的位移，即相对直角坐标，表示方法为在绝对坐标的表达式上加@，如（@20，50）。相对于某一点的距离或角度的位移，称为相对极坐标，如（@45<90）。相对极坐标中的角度是新点和上一点连线与 X 轴的夹角。

（2）捕捉、栅格及正交

捕捉和栅格功能可以在绘图时精确定位点，提高绘图效率和质量。单击状态栏中的"捕捉"按钮 ▦ 和"栅格"按钮 ▦，当按钮显示为蓝色时，表明捕捉和栅格功能已被开启。此时光标将准确捕捉到栅格点，如图 1-25 所示。

正交功能主要用于创建或修改对象。单击状态栏上的"正交"按钮 ▙，按钮显示为蓝色时，正交功能即为被开启。此时绘图光标将被限制在 X 轴或 Y 轴方向上移动，只能画出水平或垂直的直线，如图 1-26 所示。

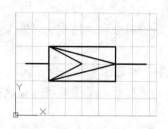

图 1-25　使用栅格捕捉

图 1-26　使用正交功能

在状态栏上单击鼠标右键，在弹出的菜单中选择"设置"选项，打开【草图设置】对话框，可在其中开启捕捉和栅格功能，及对栅格间距等参数进行设置，如图 1-27 所示。

技巧　按 F9 键可打开捕捉功能，按 F7 键可打开栅格功能，按 F8 键可打开正交功能。

（3）极轴追踪

极轴追踪功能可以沿追踪线来精确定位点，如图 1-28 所示。单击状态栏上的"极轴"按钮 ，可开启极轴追踪功能。

图 1-27　设置参数

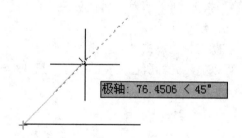

图 1-28　极轴追踪

在"极轴"按钮 上单击鼠标右键，可以在弹出的菜单栏中选择已有的增量角，如图 1-29 所示。也可打开【草图设置】对话框，选择"极轴追踪"选项卡，选择增量角或设置附加角，如图 1-30 所示。

图 1-29　选择已有的增量角

图 1-30　设置附加角

按 F10 键可开启极轴追踪功能。

（4）对象捕捉

对象捕捉功能就是当把光标放在一个对象上时，系统将会自动捕捉到对象上所有符合条件的几何特征点，并有相应的显示。

在【草图设置】对话框中的"对象捕捉"选项卡中，勾选相应的捕捉模式，如图 1-31 所示；在绘图时，将光标移动到这些点上，就会出现相关的提示；单击就可捕捉这些点，如图 1-32 所示。

图 1-31 勾选相应的模式

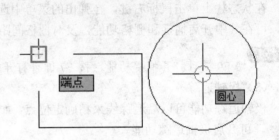

图 1-32 捕捉特定点

按 F3 可开启对象捕捉功能。

（5）动态输入

在状态栏上单击"动态输入"按钮，可开启动态输入功能。在绘图的过程中启用该功能，可以显示光标所在位置的坐标、尺寸标注、长度和角度等信息，如图 1-33 所示。

显示长度/角度   显示坐标

图 1-33 动态输入

按 F12 可开启动态输入功能。

1.3.3 视图的缩放和平移

在绘制图形的过程中，经常要用到图形显示的控制功能，来对视图进行缩放或平移，以查看图形的绘制效果及局部细节。

（1）缩放视图

通过向上或向下滚动鼠标滚轮，可以对视图进行放大或缩小，而不改变图形中对象的绝对大小。

打开【视图】|【缩放】菜单项，在弹出的列表中选择相应的缩放命令，可以以多种方式

对视图进行缩放，如图 1-34 所示。几种常用的缩放方式的作用如下。

实时：选择该项后，鼠标变成放大镜形状。按住鼠标左键不放，向上拖动鼠标可将视图放大；向下拖动鼠标可将视图缩小，按回车键结束命令。

上一个：选择该项后，可以回到前一视图。

窗口：可以缩放由两个对角点所框选的矩形区域。

全部：将当前绘图区中的所有图形最大化显示。

范围：将图形界限最大化显示。

提示 在命令行中输入 Z，可调用"缩放"命令。

（2）平移

在命令行输入 P，按回车键，当光标变成手掌形状时，可以在不改变图形显示比例的情况下移动图形。

单击"标准"工具栏中"平移"按钮，如图 1-35 所示，按住鼠标左键不放，也可平移视图。

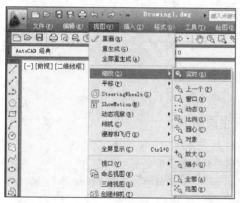

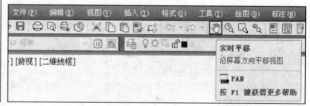

图 1-34 执行缩放命令   图 1-35 调用"平移"命令

提示 按住鼠标中键不放，可快速调用"平移"命令。

1.3.4 基础绘图工具

用户可以在命令行中输入相应的命令来绘制图形，或者单击"绘图"工具栏上的相应按钮。如图 1-36 所示为 AutoCAD 的"绘图"工具栏。

图 1-36 "绘图"工具栏

（1）绘制直线

在命令行中输入 LINE（L），按回车键，执行绘制直线命令。根据命令行的提示，确定直线的起点和终点，即可绘制直线图形。在绘制过程中，输入 U，按回车键可放弃绘制的直线；输入 C，按回车键，可以闭合图形且结束绘制命令。如图 1-37 所示为调用 LINE 命令绘制的门套图形。

图1-37   绘制门套图形

技巧 单击"绘图"工具栏上的"直线"按钮，也可调用"直线"命令。

（2）绘制多段线

使用多段线命令可以生成由若干条直线和曲线首尾连接形成的复合线实体，如图1-38所示。单击"绘图"工具栏上的"多段线"按钮，可执行多段线命令。

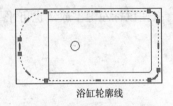

浴缸轮廓线

窗帘平面图形

图1-38   绘制多段线

【课堂举例1-1】 绘制如图 1-38 所示的窗帘平面图形

01   调用 PL 命令，绘制直线和半圆弧线，命令行提示如下：

```
命令：Pl↵      PLINE                    //调用绘制多段线命令
指定起点：                             //在绘图区任意拾取一点作为起点
当前线宽为 0
指定下一个点或 [圆弧(A)/半宽(H)/长度(L)/放弃(U)/宽度(W)]：
                                       //水平向右移动光标，拾取一点作为第 2 点
指定下一点或 [圆弧(A)/闭合(C)/半宽(H)/长度(L)/放弃(U)/宽度(W)]：A↵
                                       //输入"A"选择"圆弧"选项
指定圆弧的端点或[角度(A)/圆心(CE)/闭合(CL)/方向(D)/半宽(H)/直线(L)/半径(R)/第二个
点(S)/放弃(U)/宽度(W)]：R↵             //输入"R"选择"半径"选项
指定圆弧的半径：100↵                   //指定圆弧的半径为100
指定圆弧的端点或 [角度(A)]：@180, 0↵   //输入端点相对坐标
指定圆弧的端点或[角度(A)/圆心(CE)/闭合(CL)/方向(D)/半宽(H)/直线(L)/半径(R)/第二个
点(S)/放弃(U)/宽度(W)]：180↵           //水平向右移动鼠标，输入180
```

02   重复相同操作，绘制多个圆弧，命令行提示如下：

```
指定圆弧的端点或[角度(A)/圆心(CE)/闭合(CL)/方向(D)/半宽(H)/直线(L)/半径(R)/第二个
点(S)/放弃(U)/宽度(W)]：180↵           //水平向右移动鼠标，输入180，按回车键
……
```

03   选择 L 选项，绘制直线和箭头，命令行提示如下：

```
指定圆弧的端点或[角度(A)/圆心(CE)/闭合(CL)/方向(D)/半宽(H)/直线(L)/半径(R)/第二个
点(S)/放弃(U)/宽度(W)]：L↵             //输入"L"选择"直线"选项
指定下一点或 [圆弧(A)/闭合(C)/半宽(H)/长度(L)/放弃(U)/宽度(W)]：
                                       //水平向右移动鼠标，单击确定直线的终点
```

指定下一点或［圆弧(A)/闭合(C)/半宽(H)/长度(L)/放弃(U)/宽度(W)］：W↵

　　　　　　　　　　　　　　　　//输入"W"选择"宽度"选项

指定起点宽度 <0>：30↵　　　　　//指定起点宽度为30

指定端点宽度 <30>：0↵　　　　　//指定端点宽度为0

指定下一点或［圆弧(A)/闭合(C)/半宽(H)/长度(L)/放弃(U)/宽度(W)］：

　　　　　　　　　　　　　　　　//向右移动鼠标，单击鼠标完成绘制，按回车键退出命令

注意 在命令行输入 PLINE（PL），按回车键也可调用"多段线"命令。

（3）绘制圆和圆弧

在命令行输入 CIRCLE（C）或者 ARC（A），按回车键，或者在"绘图"工具栏中分别单击"圆"按钮 ⊘ 及"圆弧"按钮 ⌒，都可以调用绘制圆和圆弧的命令。

如图 1-39 所示为使用"圆"命令绘制的洗菜盆图形，如图 1-40 所示为使用"圆弧"命令绘制的平开门图形。

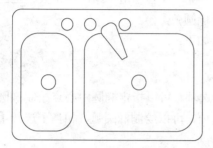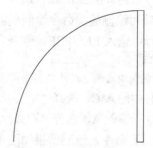

图 1-39　绘制洗菜盆图形　　　　　　图 1-40　绘制平开门图形

【课堂举例1-2】 使用 **CIRCLE** 命令绘制洗菜盆下水口和出水口

01　按组合键 Ctrl+O，打开配套光盘提供的"绘制圆.dwg"文件，如图 1-41 所示。

02　调用"圆"命令绘制洗菜盆下水口，命令行提示如下：

命令：C↵ CIRCLE　　　　　　　　//调用绘制圆的命令

指定圆的圆心或［三点(3P)/两点(2P)/切点、切点、半径(T)］：

　　　　　　　　　　　　　　　　//在绘图区中捕捉圆角矩形中心作为圆心

指定圆的半径或［直径(D)］：26↵　//指定圆的半径为26，绘制结果如图 1-42 所示。

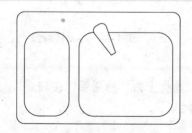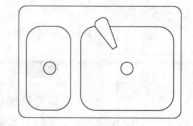

图 1-41　打开素材文件　　　　　　　图 1-42　绘制圆

03　使用同样的方法，绘制半径为20的圆形作为水管出水口，结果如图 1-39 所示。

【课堂举例1-3】 绘制如图 1-40 所示的平开门图形

01　调用绘制矩形命令绘制门页，命令行提示如下：

命令：REC↵ RECTANG　　　　　　　　　　　//调用绘制矩形命令

指定第一个角点或［倒角(C)/标高(E)/圆角(F)/厚度(T)/宽度(W)］：

//在绘图区中指定矩形的第一个角点
指定另一个角点或 [面积(A)/尺寸(D)/旋转(R)]：D↙   //输入"D"选择"尺寸"选项
指定矩形的长度 <829>：43↙   //指定矩形的长度为 43
指定矩形的宽度 <43>：829↙   //指定矩形的宽度为 829

02   调用绘制圆弧命令绘制弧形，结果如图 1-40 所示，命令行提示如下：

命令：A↙ ARC   //调用绘制圆弧的命令
指定圆弧的起点或 [圆心(C)]：   //捕捉矩形右上角点为圆弧起点
指定圆弧的第二个点或 [圆心(C)/端点(E)]：C↙   //选择"圆心(C)"选项
指定圆弧的圆心：   //捕捉矩形右下角点为圆弧圆心
指定圆弧的端点或 [角度(A)/弦长(L)]：@-829,0↙   //指定圆弧的端点，按回车键完成绘制

（4）绘制椭圆和椭圆弧

在命令行中输入 ELLIPSE（EL），按回车键，或者单击"绘图"工具栏上的"椭圆"按钮○，都可调用绘制椭圆命令绘制椭圆或者椭圆弧。

在命令行中输入 ELLIPSE，命令行提示如下：

命令：EL↙   ELLIPSE
指定椭圆的轴端点或 [圆弧(A)/中心点(C)]：

在命令行中输入 C，选择"中心点(C)"选项，可以指定椭圆中心点绘制椭圆，如图 1-43 所示。在命令行输入 A，选择"圆弧(A)"选项，可以绘制椭圆弧，相当于选择【绘图】|【椭圆】|【椭圆弧】命令，绘制结果如图 1-44 所示。

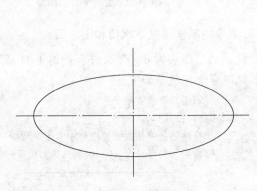

图 1-43 绘制椭圆

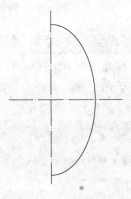

图 1-44 绘制椭圆弧

图 1-45 绘制洗衣机平面图形

注意   单击"绘图"工具栏上的"椭圆弧"按钮♡，也可调用绘制椭圆弧的命令。

（5）绘制矩形

单击"绘图"工具栏上的"矩形"按钮□，或者在命令行输入 RECTANG，按回车键，都可调用绘制矩形的命令。

如图 1-45 所示为调用矩形命令绘制的洗衣机平面图形。

【课堂举例1-4】 使用"矩形"命令绘制如图 1-45 所示的洗衣机平面图形

01   绘制洗衣机的外轮廓，命令行提示如下：

命令：REC↙   RECTANG   //调用绘制矩形命令
指定第一个角点或 [倒角(C)/标高(E)/圆角(F)/厚度(T)/宽度(W)]：

	//在绘图区中单击鼠标指定矩形的第一个角点
指定另一个角点或 [面积(A)/尺寸(D)/旋转(R)]：D✓	
	//输入"D"选择"尺寸"选项
指定矩形的长度 <0>：600✓	//指定矩形的长度为 600
指定矩形的宽度 <0>：623✓	//指定矩形的宽度为 623
指定另一个角点或 [面积(A)/尺寸(D)/旋转(R)]：	//单击指定矩形另一个角点，完成外轮廓绘制

02 使用同样的方法，绘制尺寸为 600×27 的矩形作为洗衣机前面板，完成洗衣机平面图形的绘制，结果如图 1-45 所示。

调用绘制矩形命令后，在命令行中选择不同的选项，可以绘制不同的矩形，如图 1-46 所示。

（6）绘制正多边形

在命令行中输入 POLYGON，按回车键，可调用绘制正多边形命令。在命令行中选择不同的选项，可以使用三种方法绘制正多边形，绘制结果如图 1-47 所示。

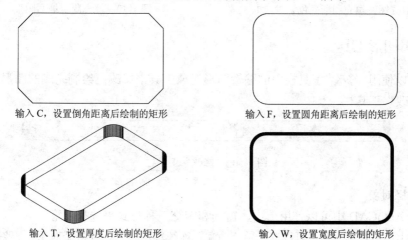

输入 C，设置倒角距离后绘制的矩形　　　　输入 F，设置圆角距离后绘制的矩形

输入 T，设置厚度后绘制的矩形　　　　输入 W，设置宽度后绘制的矩形

图 1-46　绘制不同的矩形

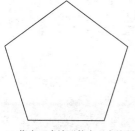 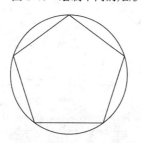 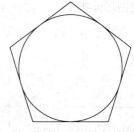

指定正多边形的中心点绘制　　　　使用内接于圆的方法绘制　　　　使用外切于圆的方法绘制

图 1-47　绘制正多边形

注意 单击"绘图"工具栏上的"正多边形"按钮⬠，也可调用绘制正多边形命令。

（7）图案填充

单击"绘图"工具栏上的"图案填充"按钮▨，或者在命令行中输入 HATCH，按回车键，都可调用"图案填充"命令。启动命令后，打开【图案填充和渐变色】对话框，如图 1-48 所示。在对话框中设置参数后，在绘图区中拾取填充区域的内部点，即可填充图案，结果如图 1-49 所示。

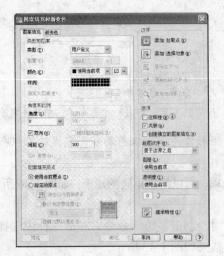

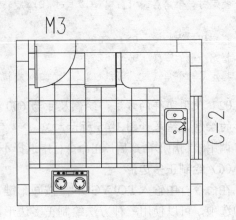

图 1-48 【图案填充和渐变色】对话框   图 1-49　填充厨房地面图案

1.3.5　编辑图形工具

用户可以使用"修改"工具栏中的编辑图形对象工具来修改已绘制完成的图形，如图 1-50 所示为"修改"工具栏。

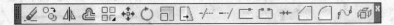

图 1-50　"修改"工具栏

（1）选择对象

用户在 AutoCAD 中可以使用单击、窗选和窗交三种方式来选择图形。

在对象上单击鼠标左键，可以选择单个对象；连续单击可以选择多个对象，如图 1-51 所示。

按住鼠标左键，在对象上从左上角到右下角拖出选择窗口；松开鼠标左键，包含在窗口中的图形即被选中，如图 1-52 所示。

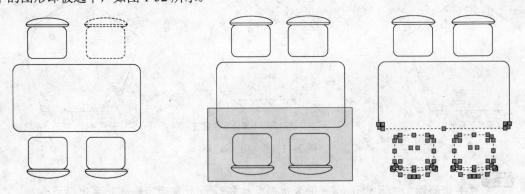

图 1-51　单击选择对象   图 1-52　窗选对象

按住鼠标左键，在对象上从右下角到左上角拖出选择窗口；松开鼠标左键，包含在窗口中的图形以及所有与选择窗口相交的图形均被选中，如图 1-53 所示。

提示　被选中的对象会形成一个选择集，按住 Shift 键的同时鼠标单击选择集中的某个对象，这个对象即被取消选择。按 Esc 键退出选择命令。

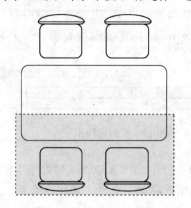
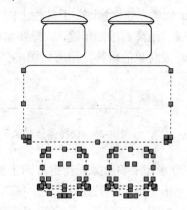

图 1-53　窗交选择

（2）基础编辑工具

基础编辑工具主要包括删除、复制、偏移、移动、旋转、缩放等，以下对这些工具进行简单介绍。

① 删除：从图形中删除对象。在命令行中输入 ERASE（E），按回车键，或者单击"修改"工具栏上的"删除"按钮，都可调用"删除"命令。调用命令后，选择对象，如图 1-54 所示；按回车键即可删除选中对象，结果如图 1-55 所示。

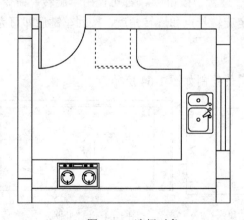
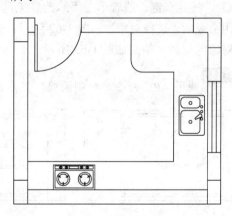

图 1-54　选择对象　　　　　　　　　　　　　　图 1-55　删除结果

② 复制：将对象复制到指定方向上的指定距离处。在命令行中输入 COPY（CO），按回车键，或者单击"修改"工具栏上的"复制"按钮，都可调用"复制"命令。调用命令后，选择源对象，如图 1-56 所示；按回车键后向右移动鼠标指定基点或位移，结果如图 1-57 所示。

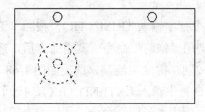
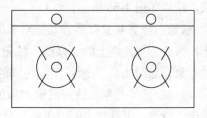

图 1-56　选择源对象　　　　　　　　　　　　　图 1-57　复制结果

③ 偏移：可以指定距离或通过一个点偏移对象。在命令行中输入 OFFSET（O），按回车键，或者单击"修改"工具栏上的"偏移"按钮，都可调用"偏移"命令。调用命令后，指定偏移距离后按回车键，选择要偏移的对象，如图 1-58 所示；指定要偏移的那一侧上的点，即可完成对象的偏移，结果如图 1-59 所示。

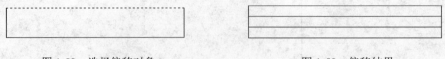

图 1-58 选择偏移对象   图 1-59 偏移结果

④ 移动：将对象在指定方向上移动指定距离。在命令行中输入 MOVE（M），按回车键，或者单击"修改"工具栏上的"移动"按钮，都可调用"移动"命令。调用命令后，选择对象，如图 1-60 所示；指定基点或位移后，按回车键即可完成对象的移动，如图 1-61 所示。

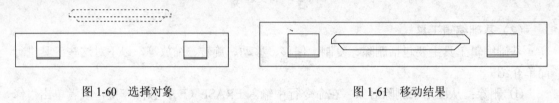

图 1-60 选择对象   图 1-61 移动结果

⑤ 旋转：可以围绕基点将选定的对象旋转到一个绝对的角度。在命令行中输入 ROTATE（RO），按回车键，或者单击"修改"工具栏上的"旋转"按钮，都可调用"旋转"命令。调用命令后，选择对象，如图 1-62 所示；分别指定旋转基点和旋转角度，按回车键后即可完成对象的旋转，结果如图 1-63 所示。

技巧 调用 ARC 命令，绘制圆弧，完成隔断间门的绘制如图 1-64 所示。

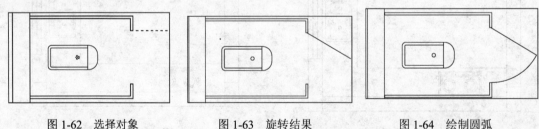

图 1-62 选择对象   图 1-63 旋转结果   图 1-64 绘制圆弧

⑥ 缩放：放大或缩小选定对象，缩放后保持对象的比例不变。在命令行中输入 SCALE（SC），按回车键，或者单击"修改"工具栏上的"缩放"按钮，都可调用"缩放"命令。调用命令后，选择对象，如图 1-65 所示；分别指定缩放基点和比例因子，按回车键完成对象的缩放，结果如图 1-66 所示。

⑦ 修剪：修剪对象以适合其他对象的边。在命令行中输入 TRIM（TR），按回车键，或者单击"修改"工具栏上的"修剪"按钮，都可调用"修剪"命令。调用命令后，选择要修剪的对象，如图 1-67 所示；完成门洞的修剪后，按回车键结束绘制，结果如图 1-68 所示。

⑧ 延伸：延伸对象以适应其他对象的边。在命令行中输入 EXTEND（EX），按回车键，或者单击"修改"工具栏上的"延伸"按钮，都可调用"延伸"命令。调用命令后，选择墙体作为边界对象，如图 1-69 所示；然后选择要延伸的对象，即可完成对象的延伸，结果如

图 1-70 所示。

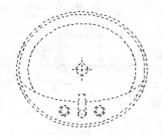

图 1-65　选择对象

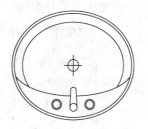

图 1-66　缩放结果

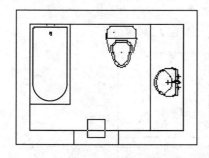

图 1-67　选择对象

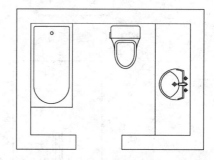

图 1-68　修剪结果

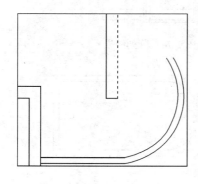

图 1-69　选择对象

图 1-70　延伸结果

（3）高级编辑工具

高级编辑工具包括镜像、阵列、倒角、圆角等命令，以下对这些工具进行简单介绍。

① 镜像：创建选定对象的镜像副本。在命令行中输入 MIRROR（MI），按回车键，或者单击"修改"工具栏上的"镜像"按钮 ⚐，都可调用"镜像"命令。调用命令后，选择源对象，如图 1-71 所示；选择镜像线的第一点和第二点，否认删除源对象；按回车键完成绘制，结果如图 1-72 所示。

② 阵列：按任意行、列和层级组合分布对象副本。在命令行中输入 ARRAY（AR），按回车键，或者单击"修改"工具栏上的"阵列"按钮 ▦，都可调用"阵列"命令。调用命令后，选择要进行阵列的对象，如图 1-73 所示；根据命令行的提示选择阵列类型，设置阵列项目数等参数，按回车键即可完成绘制，如图 1-74 所示。

③ 倒角：给对象加倒角。在命令行中输入 CHAMFER，按回车键，或者单击"修改"工具栏上的"倒角"按钮 ◻，都可调用"倒角"命令。调用命令后，根据命令行的提示，输

入 D 按回车键；分别设置第一和第二倒角距离后，再分别单击选择第一和第二倒角线，即可完成倒角操作，结果如图 1-75 所示。

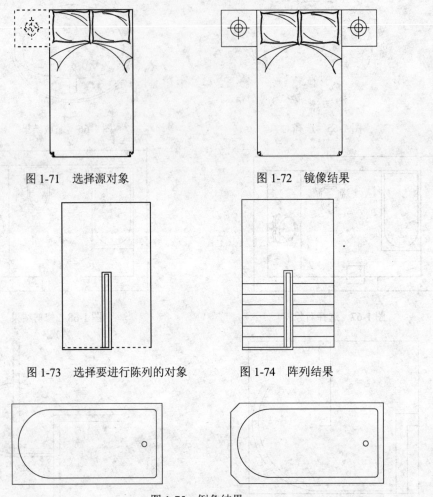

图 1-71　选择源对象　　　　　　　　图 1-72　镜像结果

图 1-73　选择要进行陈列的对象　　　　图 1-74　阵列结果

图 1-75　倒角结果

④ 圆角：给对象加圆角。在命令行中输入 FILLET（F），按回车键，或者单击"修改"工具栏上的"圆角"按钮 ▱，都可调用"圆角"命令。调用命令后，根据命令行的提示，输入 R 按回车键；然后设置圆角半径，分别单击选择第一和第二圆角线，即可完成圆角操作，结果如图 1-76 所示。

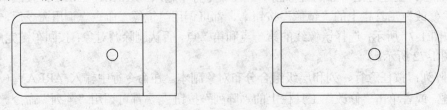

图 1-76　圆角结果

提示 执行【修改】|【圆角】命令，也可对图形进行圆角处理。

⑤ 特性编辑：　控制现有对象的特性。在命令行输入 PROPERTIES（PR），按回车键，

或者单击"标准"工具栏上的"对象特性"按钮，在打开的"特性"面板中可以更改所选对象的特性。如图 1-77 所示为在"特性"面板中更改对象的线型和线型比例。

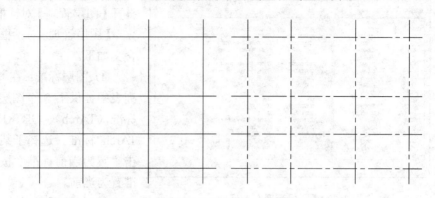

图 1-77　更改特性结果

1.4　天正建筑软件基本设置

本节介绍天正建筑软件相关设置的内容及方法。

1.4.1　热键和自定义热键

单击【设置】|【自定义】菜单命令，在弹出的【天正自定义】对话框中，选择"快捷键"选项卡，用户可以根据自己的喜好开启或定义用于激活天正命令的单一热键，如图 1-78 所示。

图 1-78　【天正自定义】对话框

> **注意** 因为"3"和某些 3D 命令冲突，所以没有用作热键。在命令行中输入 ZDY，也可打开【天正自定义】对话框。

表 1-1 所列为天正建筑软件常用热键一览。

表 1-1　天正建筑软件常用热键一览

热键	热键的意义	热键	热键的意义
F1	打开 AutoCAD 的帮助文件	F7	打开/关闭栅格功能
F2	打开/关闭 AutoCAD 的文本窗口	F8	打开/关闭正交功能
F3	打开/关闭对象捕捉功能	F9	打开/关闭捕捉功能
F4	打开/关闭三维对象捕捉功能	F10	打开/关闭极轴功能
F5	在等轴测的各个视图中进行切换	F11	打开/关闭对象捕捉追踪功能
F6	打开/关闭动态 UCS 功能	F12	打开/关闭动态输入功能

1.4.2　图层设置

TArch 为用户提供了各个专业图形对象的标准图层。在这些标准图层上，提供了线型、线宽、颜色等属性的设置，用户无需自行设置。从而减轻了制图人员的压力，提高了工作效率。

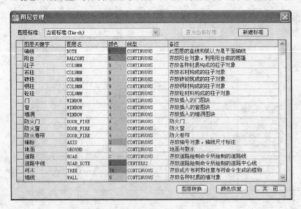

图 1-79 【图层管理】对话框

单击【设置】|【自定义】菜单命令，打开【图层管理】对话框，如图 1-79 所示。

【图层管理】对话框中各项主要选项的含义如下。

① 图层标准：在"图层标准"的下拉列表中提供了 3 个图层标准，分别是当前标准（TArch）、GBT 18112—2000 标准、TArch 标准。选择了某个图层标准后，单击"置为当前标准"按钮，即可将所选标准置为当前。

② 修改图层属性：在图层编辑区单击"图层名"、"颜色"、"线型"、"备注"选项，可以修改图层的相应属性。

③ 新建标准：单击"新建标准"按钮，在弹出的【新建标准】对话框中输入标准名称，单击"确定"按钮即可新建图层标准。新建标准后，用户可自行对各图层的属性进行重新设置。

④ 图层转换：单击"图层转换"按钮，在弹出的【图层转换】对话框中，分别选择原图层标准和目标图层标准，单击"转换"按钮，即可完成图层的转换。

提示 在命令行中输入 TCGL，按回车键，也可打开【图层管理】对话框。

1.4.3 视口控制

单击绘图区左上角的"视口控件"按钮[+]，在弹出的下拉列表中选择视口配置的方式，如图 1-80 所示。

如图 1-81 所示为四个相等视口配置方式的效果。

图 1-80 选择配置方式

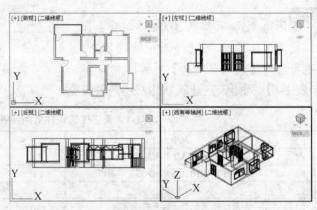

图 1-81 配置效果

TArch 为用户提供了创建视口、编辑视口大小及删除视口的快捷方式。

① 新建视口：将鼠标移到视口边缘线，当光标变成双向箭头时，按下 Ctrl 键或 Shift 键的同时，按住鼠标左键拖动鼠标，即可创建新视口。

② 编辑视口大小：将鼠标移到视口边缘线，当光标变成双向箭头时，上下左右拖动鼠标，可调节视口的大小。

③ 删除视口：将鼠标移到视口边缘线，当光标变成双向箭头时，拖动视口边缘线，向其对边方向移动，使两条边重合，即可删除视口。

1.4.4　软件的初始化设置

单击【设置】|【天正选项】菜单命令，弹出【天正选项】对话框。选择"基本设定"选项卡，用户可在其中根据实际情况设置图形和符号的基本参数，如图1-82所示。切换至"加粗填充"选项卡，该选项卡提供了各种填充图案和加粗线宽，用于设

图1-82　"基本设定"选项卡

置墙体和柱子的填充形式，且预设了"标准"和"详图"两种填充方式，如图1-83所示。

在"高级选项"选项卡中，用户可以对"尺寸标注"、"符号标注"等类型进行设置，如图1-84所示。

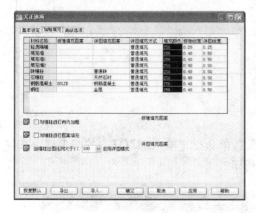

图1-83　"加粗填充"选项卡

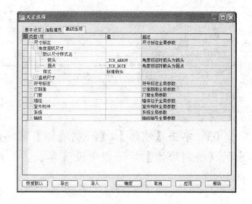

图1-84　"高级选项"选项卡

提示　"标准"和"详图"两种填充方式，要由用户通过"当前比例"给出界定。当前的绘图比例大于【天正选项】对话框中所设置的比例界限时，墙体及柱子的填充样式将从"标准"样式切换至"详图"样式。该功能可满足不同施工图纸中类型填充和加粗填充程度的不同要求。

1.5　典型实例——绘制楼梯间标准层平面图

本节以图1-85所示的楼梯间标准层平面图为例，介绍使用天正建筑软件绘图的基本流程和操作方法。

01　单击【轴网柱子】|【绘制轴网】菜单命令，或在命令行中输入HZZW，按回车键；在弹出的【绘制轴网】对话框中分别设置"下开"和"左进"的参数，如图1-86所示。

02　参数设置完成后，单击"确定"按钮，在绘图区中单击即可创建轴网，如图1-87所示。

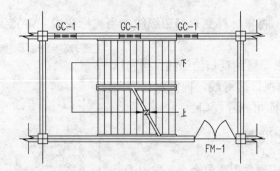

图 1-85　楼梯间标准层平面图

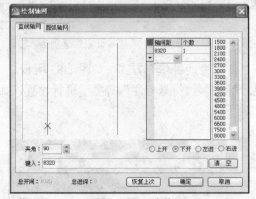

设置"下开"参数

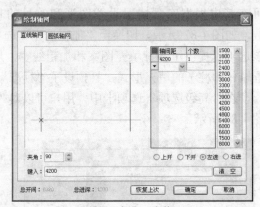

设置"左进"参数

图 1-86　设置轴网参数

03　单击【墙体】|【绘制墙体】菜单命令，或在命令行中输入 HZQT，按回车键；在弹出的【绘制墙体】对话框中设置参数，如图 1-88 所示。

图 1-87　创建轴网

图 1-88　设置参数

04　参数设置完成后，在绘图区中依次点取直墙的起点及下一点，按回车键结束墙体的绘制，结果如图 1-89 所示。

05　单击【轴网柱子】|【标准柱】菜单命令，或在命令行中输入 BZZ，按回车键；在弹出的【标准柱】对话框中设置参数，如图 1-90 所示。

06　在绘图区中单击轴线的交点为柱子的插入点，完成标准柱的插入，如图 1-91 所示。

07　将 DOTE 图层暂时隐藏。

08　单击【门窗】|【门窗】菜单命令，或在命令行中输入 MC，按回车键；在弹出的【窗】对话框中设置参数，如图 1-92 所示。

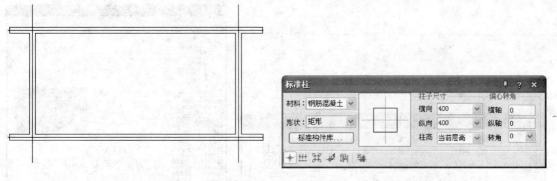

图 1-89　绘制结果　　　　　　　　　　　图 1-90　设置参数

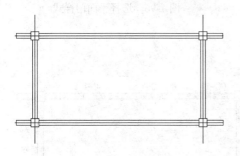

图 1-91　插入结果　　　　　　　　　　　图 1-92　设置参数

09　在绘图区中点取窗的大致位置和开向，绘制结果如图 1-93 所示。

10　在【窗】对话框中修改距离参数，完成窗户图形的绘制，结果如图 1-94 所示。

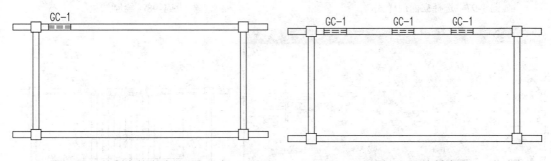

图 1-93　绘制窗的大致位置和开向　　　　　　图 1-94　绘制结果

11　在【窗】对话框中单击"插门"按钮，在弹出的【门】对话框中设置参数，如图 1-95 所示。

12　单击【门】对话框中左边的平面门样式图标，在弹出的【天正图库管理系统】对话框中选择平面门样式，结果如图 1-96 所示；双击门样式图标返回【门】对话框中。

13　单击【门】对话框中右边的立面门样式图标，在弹出的【天正图库管理系统】对话框中选择立面门样式，结果如图 1-97 所示。

14　在绘图区中点取门的大致位置和开向，绘制结果如图 1-98 所示。

15　单击【楼梯其他】|【双跑楼梯】菜单命令，或在命令行中输入 SPLT，按回车键；在弹出的【双跑楼梯】对话框中设置参数，如图 1-99 所示。

16　在命令行中输入 A，将楼梯图形翻转 90°，在绘图区中点取插入位置即可，如图 1-100 所示。

图 1-95　设置参数

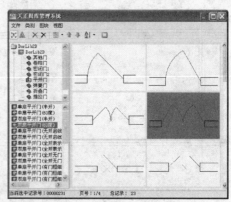

图 1-96　选择平面门样式

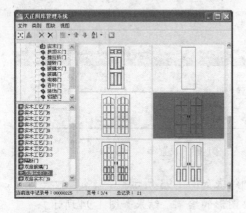

图 1-97　选择立面门样式

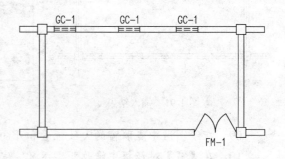

图 1-98　绘制结果

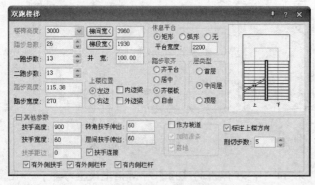

图 1-99　设置参数

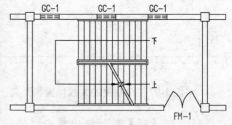

图 1-100　绘制结果

17　单击【符号标注】|【加折断线】菜单命令，或在命令行中输入 JZDX，按回车键；在命令行中点取折断线的起点和终点，如图 1-101 所示。

18　双击折断线，在弹出如图 1-102 所示的【编辑切割线】对话框中选择"设不打印边"按钮，单击如图 1-101 所示的左边折断线，表示该边为不打印边，结果如图 1-103 所示。

19　按回车键返回【编辑切割线】对话框，在其中单击"设折断点"按钮，然后分别单击左右两边轴线与切割线的相交处，作为折断号的放置位置。

20　按回车键返回【编辑切割线】对话框，勾选"隐藏不打印边"复选框，如图 1-104 所示。

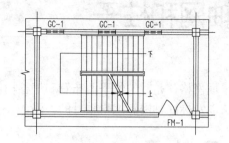

图 1-101　绘制折断线

图 1-102　【编辑切割线】对话框

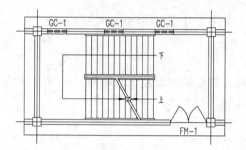

图 1-103　绘制结果

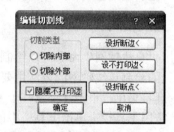

图 1-104　勾选"隐藏不打印边"复选框

21　在对话框中单击"确定"按钮，完成楼梯间标准层平面图的绘制，结果如图 1-85 所示。

1.6　本 章 小 结

本章介绍了天正建筑软件与 AutoCAD 的相关知识，包括天正建筑软件的操作界面及 AutoCAD 绘图的基础知识等，主要知识点概括如下。

①　开头介绍了天正建筑软件与 AutoCAD 的关系及兼容性，及使用天正建筑软件制图的优点，并讲解了安装、启动和退出天正建筑的方法。

②　使用截图配合文字说明的方式，系统地介绍了天正建筑软件的操作界面。

③　介绍 AutoCAD 的基础知识，包括一些基本的绘图工具和编辑图形的工具。

④　带领读者熟悉和掌握天正建筑软件设置，为以后绘图打下基础。

⑤　通过介绍楼梯间标准层平面图的绘制，使读者了解到使用天正建筑软件绘制平面图形的流程和方法。

1.7　思考与练习

1. 在网上搜索下载 AutoCAD 2012，正确安装后，再安装 TArch 8.5。AutoCAD 2012 可以在 http：//students.autodesk.com.cn 进行下载，TArch 8.5 可以在 http：//www.tangent.com.cn 下载。

2. 正确安装软件后，打开软件初步熟悉天正建筑的操作界面。

3. 对于 AutoCAD 的初学者，可先参照 1.3 小节中讲述的 AutoCAD 的基础知识，了解 AutoCAD 的基本绘图知识。

4. TArch 8.5 中自带的帮助文件中有该版本的新功能介绍以及各个命令的使用方法，读者可利用该帮助文档进行学习。

第2章 轴网和柱子

轴网是由轴线、轴号和尺寸标注组成的平面网格，是建筑物平面布置和墙柱构件定位的依据。本章介绍轴网、柱子的绘制和编辑方法以及标注轴网和编辑轴号的方法。

2.1 创 建 轴 网

轴网主要包括直线轴网和圆弧轴网，本小节主要介绍直线轴网的绘制方法。

2.1.1 直线轴网

使用"直线轴网"命令可以绘制正交轴网、斜交轴网以及单向轴网。

常见的绘制直线轴网的方法主要有以下几种。

① 屏幕菜单：单击【轴网柱子】|【绘制轴网】菜单命令。

② 常用工具栏：单击工具栏中的"绘制轴网"按钮⊞。

③ 命令行：在命令行中输入 HZZW，按回车键即可调用"绘制轴网"命令。

④ 在指定图层上绘制：在 DOTE 图层上所绘制的图形，如直线、弧线等，系统将识别为轴线对象。

提示 天正软件默认轴线的图层是 DOTE，用户可以通过设置菜单中的"图层管理"命令修改默认的图层标准。在修改后的图层上所绘制的图形，系统也识别为轴线对象。

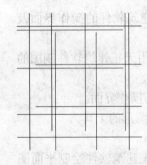

图 2-1 直线轴网

【课堂举例 2-1】 绘制如图 2-1 所示的直线轴网

01 单击【轴网柱子】|【绘制轴网】菜单命令，或在命令行中输入 HZZW，按回车键；在打开的【绘制轴网】对话框中，选择"直线轴网"标签，设置"上开"参数，如图 2-2 所示。

02 在【绘制轴网】对话框中，选择"下开"单选项，设置参数如图 2-3 所示。

注意 "上开"指在轴网上方进行轴网标注的房间开间尺寸；"下开"指在轴网下方进行轴网标注的房间开间尺寸。

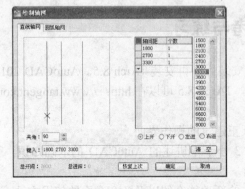

图 2-2 设置"上开"参数

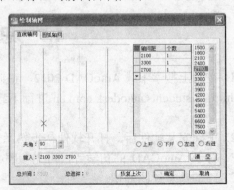

图 2-3 设置"下开"参数

03　选择"左进"单选项，设置参数如图 2-4 所示。
04　选择"右进"单选项，设置参数如图 2-5 所示。

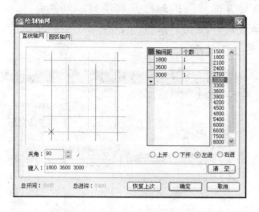

图 2-4　设置左进参数　　　　　　　　图 2-5　设置右进参数

提示　"左进"指在轴网左侧进行轴网标注的房间进深尺寸；"右进"指在轴网右侧进行轴网标注的房间进深尺寸。

注意　【绘制轴网】对话框中其他主要控件的说明："个数"指"轴间距"栏中尺寸数据的重复次数。"键入"指可直接输入一组尺寸数据，要用空格或英文逗点隔开。"清空"指把某一组开间或进深的数据栏清空，但可保留其他组的数据。"恢复上次"指可将上次绘制轴网的参数恢复到对话框中。

2.1.2　圆弧轴网

圆弧轴网常与直线轴网组合使用，由一组同心弧线和不过圆心的径向直线组成。

在【绘制轴网】对话框中选择【圆弧轴网】选项卡，在其中设置圆心角、进深等参数，单击"确定"按钮即可创建圆弧轴网，结果如图 2-6 所示。

【课堂举例 2-2】　绘制如图 2-6 所示的圆弧轴网

01　单击【轴网柱子】|【绘制轴网】菜单命令，或在命令行中输入 HZZW，按回车键；在打开的【绘制轴网】对话框中，选择"圆弧轴网"标签，设置"圆心角"参数，如图 2-7 所示。

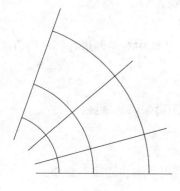

图 2-6　圆弧轴网

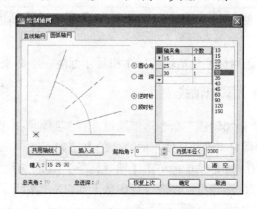

图 2-7　设置"圆心角"参数

02　选择"进深"单选项，设置参数如图 2-8 所示。

提示　"圆心角"由起始角开始算起，按照旋转方向排列的轴线开间序列，单位为°。
"进深"是轴网径向并由圆心起到外圆的轴线尺寸序列，单位为 mm。

03　选择"内弧半径"选项，设置参数如图 2-9 所示。

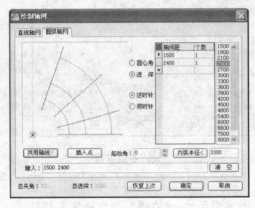

图 2-8　设置进深参数

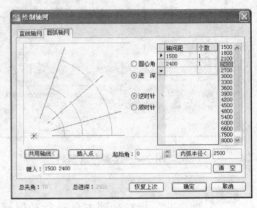

图 2-9　设置内弧半径参数

注意　"内弧半径"从圆心算起的最内环向轴线半径，可以从图上取两点获得，也可以是为 0。

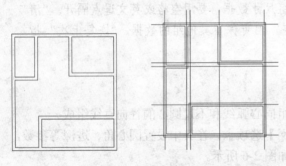

图 2-10　墙生轴网

2.1.3　墙生轴网

"墙生轴网"命令可以通过墙体生成轴网。

调用"墙生轴网"的命令的方法如下。

① 屏幕菜单：单击【轴网柱子】|【墙生轴网】菜单命令。

② 命令行：在命令行中输入 QSZW，按回车键即可调用"墙生轴网"命令。

如图 2-10 所示为墙生轴网的结果。

2.2　编辑轴网

轴网标注包括轴号标注和尺寸标注。下面来介绍天正建筑中对轴网进行标注的方法。

2.2.1　添加轴线

"添加轴线"命令可以通过选择参照轴线，设置参照距离来添加轴线。

调用"添加轴线"的命令的方法如下。

① 屏幕菜单：单击【轴网柱子】|【添加轴线】菜单命令。

② 命令行：在命令行中输入 TJZX，按回车键即可调用"添加轴线"命令。

【课堂举例 2-3】　为轴网添加轴线，绘制结果如图 **2-11** 所示

01　单击【轴网柱子】|【添加轴线】菜单命令，或在命令行中输入 TJZX，按回车键。

02　命令行提示，新增轴线是否为附加轴线?[是(Y)/否(N)]<N>，按回车键。

03　鼠标向上移，指定偏移方向，输入偏移距离，如图 2-11 所示；按回车键结束绘制，如图 2-12 所示。

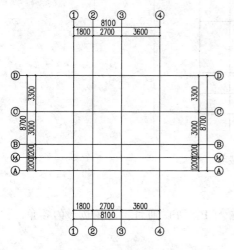

图 2-11　添加轴线结果

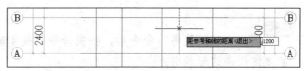

图 2-12　输入偏移距离

2.2.2　轴线裁剪

"轴线裁剪"命令可以在设定的多边形或直线范围内裁剪其中的轴线或直线某侧的轴线。调用"轴线裁剪"的命令的方法如下。

① 屏幕菜单：单击【轴网柱子】|【轴线裁剪】菜单命令。

② 命令行：在命令行中输入 ZXCJ，按回车键即可调用"轴线裁剪"命令。

【课堂举例 2-4】 裁剪指定区域的轴线

01　单击【轴网柱子】|【轴线裁剪】菜单命令，或在命令行中输入 ZXCJ，按回车键；根据命令行的提示，分别指定矩形的第一个角点和第二个角点，矩形裁剪的结果如图 2-13 所示。

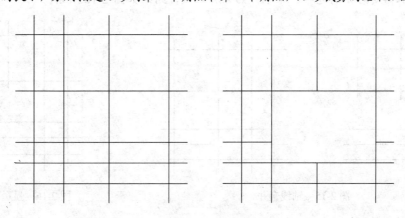

图 2-13　矩形裁剪

02　调用"轴线裁剪"命令后，根据命令行提示输入 F，选择裁剪线的起点或选择一裁剪线，确定裁剪的是哪一边的轴线，即可将轴线按照裁剪线取齐裁剪，如图 2-14 所示。

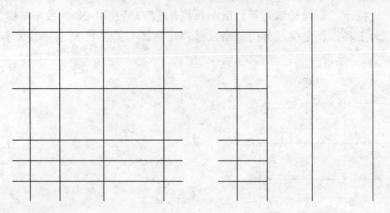

图 2-14   轴线取齐裁剪

技巧 调用"轴线裁剪"命令后，根据命令行提示输入 P，可以通过指定多边形的各角点来使用多边形裁剪。

2.2.3　轴网合并

"轴网合并"命令可将多组轴网的轴线，按指定的一个到四个边界延伸，合并为一组轴线，且同时将其中重合的轴线清理。

调用"轴网合并"的命令的方法如下。

① 屏幕菜单：单击【轴网柱子】|【轴网合并】菜单命令。

② 命令行：在命令行中输入 ZXHB，按回车键即可调用"轴网合并"命令。

【课堂举例 2-5】 将如图 2-15 所示的轴线进行轴网合并

01　单击【轴网柱子】|【轴网合并】菜单命令，或在命令行中输入 ZXHB，按回车键；根据命令行的提示，选择需要合并的轴线按回车键，如图 2-15 所示。

02　点取需要对齐的边界，命令开始合并轴线，结果如图 2-16 所示。

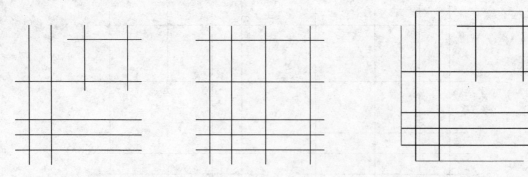

图 2-15   轴线合并   图 2-16   显示对齐边界

注意 "轴网合并"命令不对非正交的轴网和多个非正交排列的轴网进行处理。

2.2.4 轴改线型

"轴改线型"命令可在点划线和连续线两种线型之间切换。

调用"轴改线型"命令的方法如下。

① 屏幕菜单：单击【轴网柱子】|【轴改线型】菜单命令。

② 命令行：在命令行中输入 ZGXX，按回车键即可调用"轴改线型"命令。

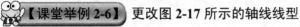 【课堂举例 2-6】 更改图 2-17 所示的轴线线型

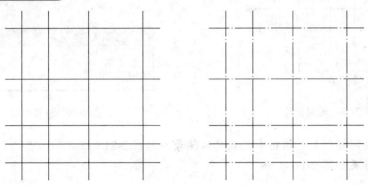

图 2-17　更改轴线线型

01　单击【轴网柱子】|【轴改线型】菜单命令，或在命令行中输入 ZGXX，按回车键。

02　系统自动将所有位于绘图区中的轴线在点划线和连续线两种线型之间切换。

2.3　轴 网 标 注

当轴网绘制完成后，就需要对轴网进行标注。TArch 8.5 提供了专业的轴网标注功能，可快速地对轴网进行尺寸和文字标注。

2.3.1 轴网标注

启用"轴网标注"命令，可以对起始轴线间相互平行的一组轴线或径向轴线进行轴号和尺寸标注。

调用"轴网标注"的命令的方法如下。

① 屏幕菜单：单击【轴网柱子】|【轴网标注】菜单命令。

② 常用工具栏：单击工具栏中的"轴网标注"按钮 。

③ 命令行：在命令行中输入 ZWBZ，按回车键即可调用"轴网标注"命令。

【课堂举例 2-7】 绘制如图 2-18 所示的轴网标注

01　单击【轴网柱子】|【轴网标注】菜单命令，或在命令行中输入 ZWBZ，按回车键；在打开的【轴网标注】对话框中，设置参数如图 2-19 所示。

02　在绘图区中依次选择起始轴线和终止轴线，按回车键完成轴网标注，结果如图 2-20所示。

提示　起始轴号：用户可在此处输入常用起始轴号 1 或 A，也可自定义起始轴号。单侧

标注：标注一侧的开间或进深的轴号和尺寸。双侧标注：标注两侧的开间或进深的轴号和尺寸。共用轴号：选择该项，则表明起始由所选择的已有轴号的参照决定。

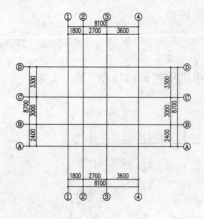

图 2-18　轴网标注

图 2-19　设置参数

03　在【轴网标注】对话框中设置起始轴号，如图 2-21 所示。

04　标注结果如图 2-18 所示。

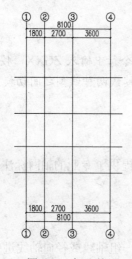

图 2-20　标注结果

图 2-21　设置起始轴号

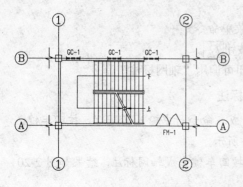

图 2-22　单轴标注

2.3.2　单轴标注

"单轴标注"在立面、剖面、详图中使用较多，用于对单个轴线标注轴号。轴号独立存在，不与已存在的轴网标注系统发生关联，可对其独立进行编辑修改。

调用"单轴标注"的命令的方法如下。

① 屏幕菜单：单击【轴网柱子】|【单轴标注】菜单命令。

② 命令行：在命令行中输入 DZBZ，按回车键即可调用"单轴标注"命令。

【课堂举例2-8】 绘制如图 2-22 所示的单轴标注

01 单击【轴网柱子】|【单轴标注】菜单命令，或在命令行中输入 DZBZ，按回车键；在打开的【单轴标注】对话框中，设置参数如图 2-23 所示。

02 在绘图区中点取待标注的轴线，结果如图 2-24 所示。

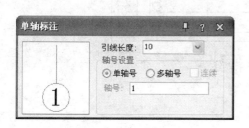

图 2-23 设置参数

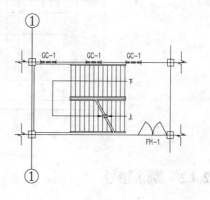

图 2-24 标注结果

03 使用同样的方法，继续标注其他单独的轴线，结果如图 2-22 所示。

2.4 编辑轴号

在天正建筑中，提供了添补或删除轴号、重排轴号、改变轴号的位置和编号等功能，以下即介绍这些内容。

2.4.1 添补轴号

添补轴号指为新增轴线添补轴号。

调用"添补轴号"命令的方法如下。

① 屏幕菜单：单击【轴网柱子】|【添补轴号】菜单命令。

② 命令行：在命令行中输入 TBZH，按回车键即可调用"添补轴号"命令。

【课堂举例2-9】 绘制如图 2-25 所示的添补轴号

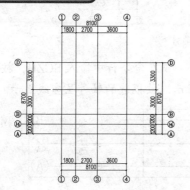
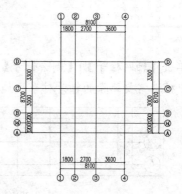

图 2-25 添补轴号

01   单击【轴网柱子】|【添补轴号】菜单命令，或在命令行中输入 TBZH，按回车键；选择相邻的轴号 B， 向上移动鼠标，此时系统会出现一条直线，如图 2-26 所示。

02   点取位于 B 轴上方的轴线，按回车键确认新增轴号为双侧标注，选择新增轴号不是附加轴号；完成添补轴号的操作，结果如图 2-25 所示。

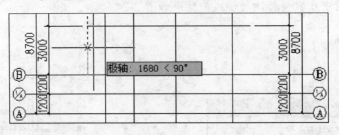

图 2-26   系统显示直线

2.4.2   删除轴号

删除轴号指删除不需要的轴号。

调用"删除轴号"命令的方法如下。

① 屏幕菜单：单击【轴网柱子】|【删除轴号】菜单命令。

② 命令行：在命令行中输入 SCZH，按回车键即可调用"删除轴号"命令。

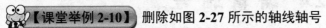【课堂举例 2-10】 删除如图 2-27 所示的轴线轴号

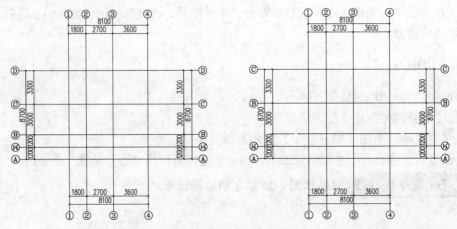

图 2-27   删除轴号

01   单击【轴网柱子】|【删除轴号】菜单命令，或在命令行中输入 SCZH，按回车键；在绘图区中框选需要删除的轴号对象，如图 2-28 所示，被框选的轴号呈虚线显示。

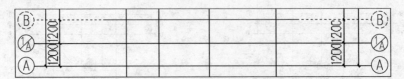

图 2-28   框选要删除的轴号对象

02   按回车键，当命令行提示：是否重排轴号?[是(Y)/否(N)]<Y>:，输入 Y，表示删除轴

号后重新排列轴号；完成删除轴号的操作，如图 2-27 所示。

技巧　当命令行提示：是否重排轴号?[是(Y)/否(N)]<Y>:，输入 N，表示删除轴号后不重新排列轴号。

2.4.3　重排轴号

"重排轴号"命令可以从选定的轴号位置开始，自定义新轴号对轴网轴号进行重新排序，而选定轴号前的轴号排序不受影响。

调用"重排轴号"命令的方法如下。

① 快捷菜单：右击轴号系统，在弹出的快捷菜单中选择"重排轴号"菜单项。

② 命令行：在命令行中输入 CPZH，按回车键即可调用"重排轴号"命令。

【课堂举例2-11】　重排如图 2-29 所示的轴线轴号

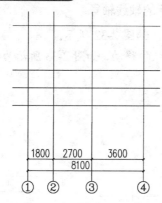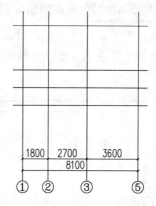

图 2-29　重排轴号

01　右击轴号系统，在弹出的快捷菜单中选择"重排轴号"菜单项，或在命令行中输入 CPZH，按回车键。

02　选择需重排的第一根轴号，输入新的轴号，如图 2-30 所示。

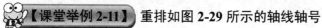

图 2-30　输入新的轴号

03　按回车键，完成重排轴号的操作，如图 2-29 所示。

2.4.4　倒排轴号

轴号排序默认为从左到右，从上到下，"倒排轴号"命令可以更改轴号的排序方向。

调用"倒排轴号"命令的方法如下。

① 快捷菜单：右击轴号系统，在弹出的快捷菜单中选择"倒排轴号"菜单项。

② 命令行：在命令行中输入 DPZH，按回车键即可调用"倒排轴号"命令。

【课堂举例2-12】　倒排如图 2-29 所示的轴线轴号

01　右击轴号系统，在弹出的快捷菜单中选择"倒排轴号"菜单项，或在命令行中输入 DPZH，按回车键。

02　选择需倒排的轴号，即可完成倒排轴号的操作，如图 2-31 所示。

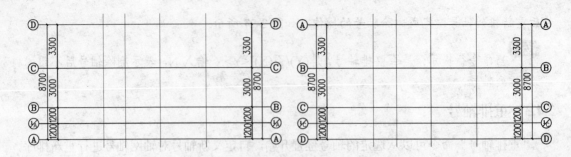

图 2-31　倒排轴号

2.4.5　轴号的夹点编辑

使用轴号夹点编辑功能，可改变轴号的位置及轴号引线的长度。

【课堂举例 2-13】 夹点编辑如图 2-29 所示的轴线轴号

01　在绘图区中单击轴号系统，将显示其夹点，如图 2-32 所示。

02　单击选择 1 号夹点，可以将轴号在横向及纵向移动，如图 2-33 所示为将轴号进行纵向移动。

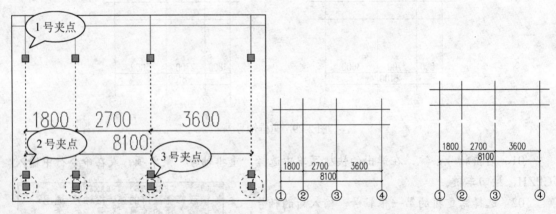

图 2-32　显示夹点　　　　　　　　　图 2-33　纵向移动轴号

03　单击选择 2 号夹点，可以修改单侧引线的长度，如图 2-34 所示。

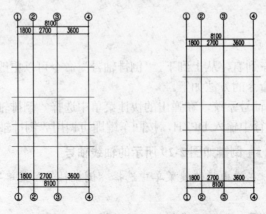

图 2-34　修改引线长度

04　单击选择 3 号夹点，可将轴号往任意方向偏移，如图 2-35 所示。

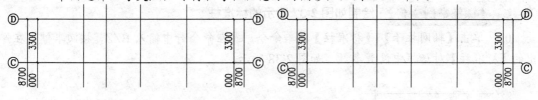

图 2-35　偏移结果

2.4.6　轴号在位编辑

轴号的在位编辑功能可以实时地修改轴号。

双击轴号文字，此时进入轴号在位编辑系统；在编辑框中输入轴号的编号，即可完成轴号的在位编辑，如图 2-36 所示。

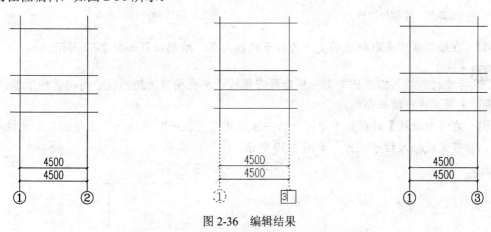

图 2-36　编辑结果

2.5　创 建 柱 子

柱子在建筑物中起主要的支撑作用，按形状的划分可以分为标准柱及异形柱。在天正建筑软件中，绘制标准柱需要用底标高、柱高和柱截面这三个参数来描述其在三维空间的位置和形状。构造柱只应用于施工图，因而只有截面形状没有三维数据。

假如柱子和墙体的材料相同，则墙体在被打断的同时与柱子连成一体。在天正建筑软件中生成的柱子，可以进行批量修改，此外，使用 AutoCAD 的相关命令也可对柱子进行编辑修改。

2.5.1　标准柱

标准柱为具有均匀断面形状的竖直构件，使用"标准柱"命令，可以绘制截面为矩形、圆形和正多边形等形状的标准柱。

调用"标准柱"命令的方法如下。

① 屏幕菜单：单击【轴网柱子】|【标准柱】菜单命令。

② 常用工具栏：单击工具栏中的"绘制标准柱"按钮 ▦。

③ 命令行：在命令行中输入 BZZ，按回车键即可调用"标准柱"命令。

【课堂举例 2-14】 绘制如图 2-37 所示的标准柱

01　单击【轴网柱子】|【标准柱】菜单命令，或在命令行中输入 BZZ，按回车键；在弹出的【标准柱】对话框中设置参数，如图 2-38 所示。

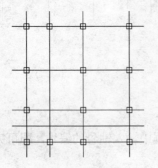
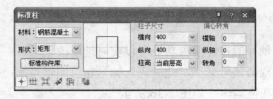

图 2-37　绘制标准柱　　　　　　　　　　　　图 2-38　设置参数

02　在绘图区中点取轴线的交点为柱子的插入点，绘制结果如图 2-37 所示。

提示

标准柱的插入方法还有沿一根轴线布置柱子、在指定的矩形区域内布置柱子等，下面来对其进行简单介绍。

03　在【标准柱】对话框中单击"沿一根轴线布置柱子"按钮⊞，在绘图区中选择一根轴线，即可完成插入柱子操作，如图 2-39 所示。

图 2-39　操作结果

04　在【标准柱】对话框中单击"在指定的矩形区域内的轴线交点插入柱子"按钮⌘，在绘图区中框选指定的矩形区域，即可在该区域内插入标准柱，如图 2-40 所示。

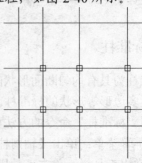

图 2-40　插入结果

05　在【标准柱】对话框中单击"替换图中以插入的柱子"按钮 ![]，在绘图区中选择被替换的柱子，即可完成替换柱子的操作，结果如图 2-41 所示。

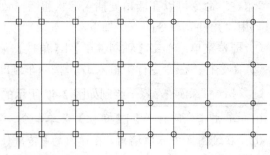

图 2-41　替换结果

06　在【标准柱】对话框中单击"选择 Pline 线创建异形柱"按钮 ![]，在绘图区中选择作为柱子的封闭多段线；按回车键，在弹出的对话框中单击"确定"按钮，即可完成异形柱的创建，如图 2-42 所示。

图 2-42　创建异形柱

07　在【标准柱】对话框中单击"在图中拾取柱子形状或已有柱子"按钮 ![]，如图 2-43 所示；在绘图区中选择封闭的多段线或柱子，如图 2-44 所示。

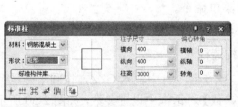

图 2-43　单击按钮　　　　　　　　　　　　图 2-44　选择柱子

08　此时【标准柱】对话框显示了拾取柱子的具体参数，如图 2-45 所示。

09　根据命令行提示插入柱子完成操作，结果如图 2-46 所示。

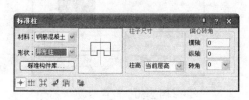
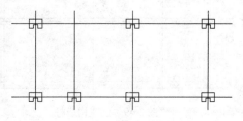

图 2-45　具体参数　　　　　　　　　　　　图 2-46　操作结果

2.5.2　角柱

"角柱"命令可以在墙角处插入形状和墙一致的柱子。

调用"角柱"命令的方法如下。

① 屏幕菜单：单击【轴网柱子】|【角柱】菜单命令。

② 命令行：在命令行中输入 JZ，按回车键即可调用"角柱"命令。

【课堂举例 2-15】绘制如图 2-47 所示的角柱

01　单击【轴网柱子】|【角柱】菜单命令，或在命令行中输入 JZ，按回车键。

02　在绘图区中点取墙角，在弹出的【转角柱参数】对话框中设置参数，如图 2-48 所示。

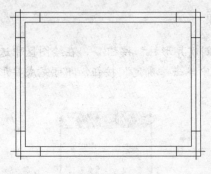

图 2-47　创建角柱　　　　　　　　　　　　图 2-48　设置参数

03　单击"确定"按钮即可完成角柱的创建，结果如图 2-47 所示。

2.5.3　构造柱

"构造柱"命令可在墙角内或墙角的交点处插入柱子。

调用"构造柱"命令的方法如下。

① 屏幕菜单：单击【轴网柱子】|【构造柱】菜单命令。

② 命令行：在命令行中输入 GZZ，按回车键即可调用"构造柱"命令。

【课堂举例 2-16】绘制如图 2-49 所示的构造柱

01　单击【轴网柱子】|【构造柱】菜单命令，或在命令行中输入 GZZ，按回车键。

02　在绘图区中点取墙角，在弹出的【构造柱参数】对话框中设置参数，如图 2-50 所示。

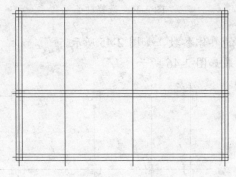

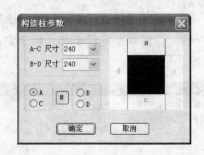

图 2-49　创建构造柱　　　　　　　　　　图 2-50　设置参数

03 单击"确定"按钮即可完成角柱的创建，结果如图 2-49 所示。

注意 在天正建筑软件中绘制的构造柱为二维对象，不具有三维信息。

2.6 编 辑 柱 子

在天正建筑软件中，可以对绘制好的柱子进行编辑修改，下面来介绍编辑方法。

2.6.1 柱子替换

在绘图区中双击要修改的柱子，在打开的【标准柱】对话框中修改参数，单击"确定"按钮，即可完成对柱子的替换和参数修改，如图 2-51 所示。

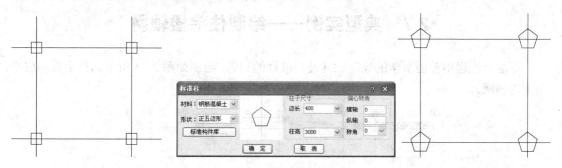

图 2-51 替换柱子

2.6.2 柱子特性编辑

在绘图区中选择要修改特性的柱子，按组合键 Ctrl+1；打开"特性"面板，即可在其中修改柱子的参数，如图 2-52 所示。

2.6.3 柱齐墙边

在各个柱子都在同一墙段上，并且与对齐方向的柱子尺寸相同的情况下，"柱齐墙边"命令可以将柱子和指定的墙边对齐。

调用"柱齐墙边"命令的方法如下。

① 屏幕菜单：单击【轴网柱子】|【柱齐墙边】菜单命令。

② 命令行：在命令行中输入 ZQQB，按回车键即可调用"柱齐墙边"命令。

图 2-52 "特性"面板

【课堂举例 2-17】 使用"柱齐墙边"命令，将如图 2-53 所示柱子与墙体对齐

图 2-53 柱齐墙边

01　单击【轴网柱子】|【柱齐墙边】菜单命令，或在命令行中输入 ZQQB，按回车键。

02　在绘图区中点取墙边，框选对齐方式相同的多个柱子，如图 2-54 所示。

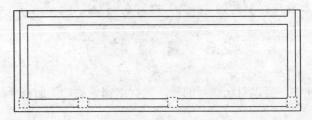

图 2-54　选择柱子

03　按回车键后点取柱边，完成柱齐墙边的操作，如图 2-53 所示。

2.7　典型实例——绘制住宅楼轴网

下面介绍运用前面所学的绘制轴网及标准柱的知识，绘制如图 2-55 所示的住宅楼一层平面图的轴网。

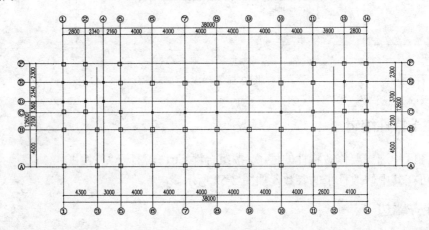

图 2-55　住宅楼轴网

01　单击【轴网柱子】|【绘制轴网】菜单命令，或在命令行中输入 HZZW，按回车键；在打开的【绘制轴网】对话框中，选择"直线轴网"标签，设置"上开"参数，如图 2-56 所示。

02　选择"下开"单选项，设置参数如图 2-57 所示。

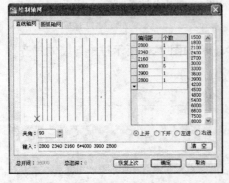

图 2-56　设置"上开"参数

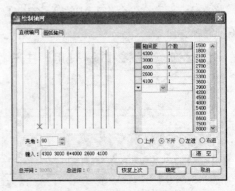

图 2-57　设置"下开"参数

03　选择"左进"单选项，设置参数如图 2-58 所示。

04　选择"右进"单选项，设置参数如图 2-59 所示。

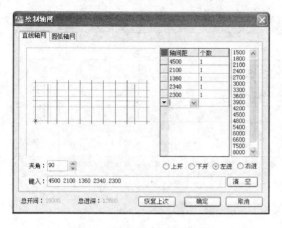 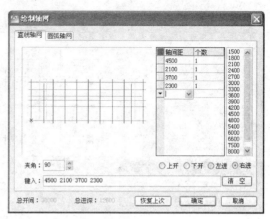

图 2-58　设置"左进"参数　　　　　　　　图 2-59　设置"右进"参数

05　参数设置完成后，在绘图区中单击，即可创建轴网，如图 2-60 所示。

06　单击【轴网柱子】|【轴网标注】菜单命令，或在命令行中输入 ZWBZ，按回车键；在打开的【轴网标注】对话框中，设置参数如图 2-61 所示。

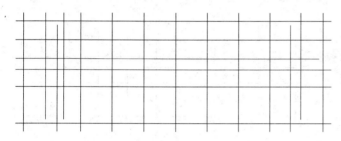

图 2-60　创建轴网

图 2-61　设置参数

07　在绘图区中依次选择起始轴线和终止轴线，按回车键完成轴网标注，结果如图 2-62 所示。

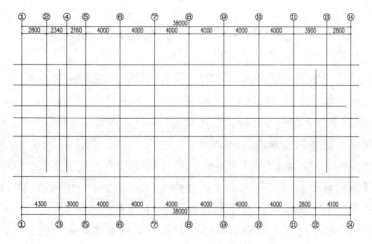

图 2-62　轴网标注

08　在【轴网标注】对话框中更改起始轴号，如图 2-63 所示。

09　标注结果如图 2-64 所示。

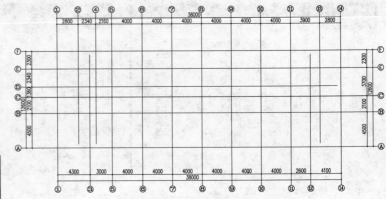

图 2-63　【轴网标注】对话框　　　　　　　　　　图 2-64　标注结果

10　单击【轴网柱子】|【标准柱】菜单命令，或在命令行中输入 BZZ，按回车键；在弹出的【标准柱】对话框中设置参数，如图 2-65 所示。

11　在绘图区中点取轴线的交点为柱子的插入点，绘制结果如图 2-66 所示。

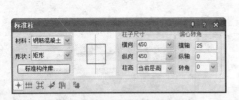

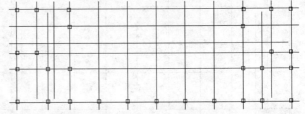

图 2-65　设置参数　　　　　　　　　　　　图 2-66　绘制结果

12　在【标准柱】对话框中更改柱子尺寸为 500×500、350×350、240×240，绘制柱子的结果如图 2-55 所示。

2.8　典型实例——绘制办公楼轴网

办公楼轴网的绘制结果如图 2-67 所示，以下介绍其绘制方法。

01　单击【轴网柱子】|【绘制轴网】菜单命令，或在命令行中输入 HZZW，按回车键；在打开的【绘制轴网】对话框中，选择"直线轴网"标签，设置"下开"参数，如图 2-68 所示。

02　设置"左进"参数，如图 2-69 所示。

03　参数设置完成后，在绘图区中单击，即可创建轴网，如图 2-70 所示。

04　单击【轴网柱子】|【轴网标注】菜单命令，或在命令行中输入 ZWBZ，按回车键；在打开的【轴网标注】对话框中，设置参数如图 2-71 所示。

05　在绘图区中依次选择起始轴线和终止轴线，按回车键完成轴网标注，结果如图 2-72 所示。

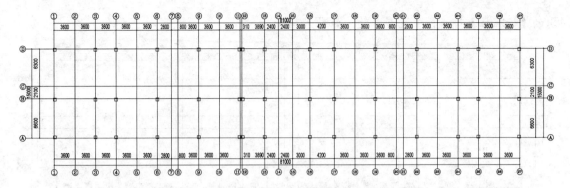

图 2-67 办公楼轴网

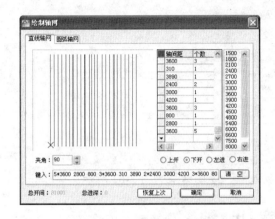

图 2-68 设置"下开"参数

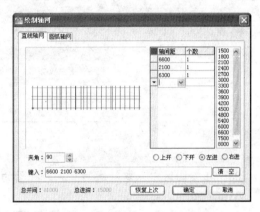

图 2-69 设置"左进"参数

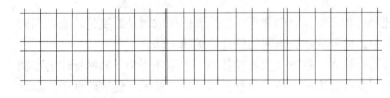

图 2-70 创建轴网

图 2-71 设置参数

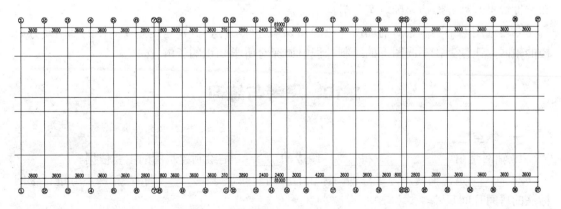

图 2-72 轴网标注

06 在【轴网标注】对话框中更改起始轴号，轴网标注的最终结果如图 2-73 所示。

07 单击【轴网柱子】|【标准柱】菜单命令，或在命令行中输入 BZZ，按回车键；在弹

出的【标准柱】对话框中设置参数, 如图 2-74 所示。

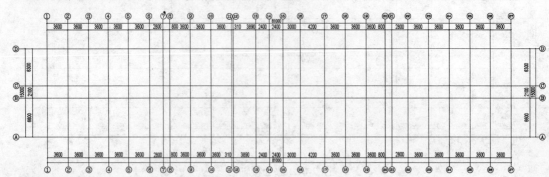

图 2-73   最终结果

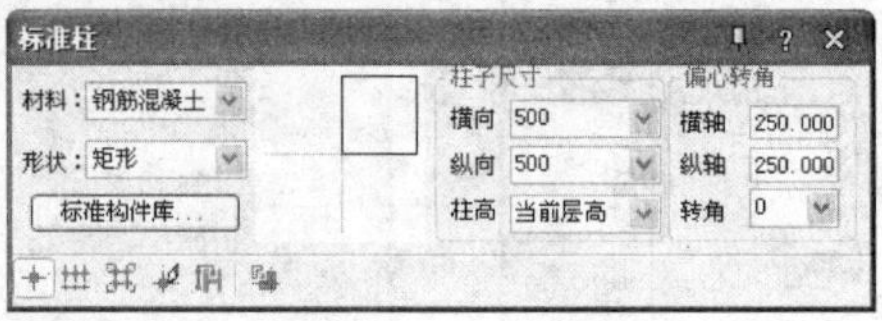

图 2-74   设置参数

08   在绘图区中点取轴线的交点为柱子的插入点, 绘制结果如图 2-67 所示。

2.9   本 章 小 结

本章系统介绍了轴网和柱子的相关知识。创建直线轴网和圆弧轴网是绘制建筑施工图的基础, 在本章介绍的相关知识中, 读者应学会轴网的创建和编辑方法。

轴网绘制完成后, 要对其进行标注, 以方便查看及修改。本章还介绍了轴网标注的步骤及轴号的编辑方法。柱子按类型分可分为标准柱、角柱及构造柱, 在天正建筑软件中绘制这几种常见的柱子很方便, 用户只要根据实际需要输入参数即可。编辑柱子的方法有对象编辑和特性编辑及柱齐墙边, 读者可灵活选用。

章尾选用两个实例来对前面所介绍的知识来进行巩固, 分别是绘制住宅楼的轴网及办公楼的轴网, 让读者在不同图形的绘制过程中加深对所学知识的了解。

2.10   思考与练习

一、填空题

1. 轴网是由_____、_____和_____组成的_____, 是绘制建筑图的主要依据。

2. _____指在轴网上方进行轴网标注的房间开间尺寸; _____指在轴网下方进行轴网标注的房间开间尺寸。

3. 调用 "添加轴线" 的命令的方法有

屏幕菜单: 单击【_____】|【_____】菜单命令;

命令行: 在命令行中输入_____, 按回车键即可调用 "添加轴线" 命令。

4. 在绘图区中双击要修改的柱子，在打开的【＿＿＿＿】对话框中修改参数；单击"＿＿＿＿"按钮，即可完成对柱子的修改。

5. "＿＿＿＿＿"命令可以将柱子和指定的墙边对齐。

二、问答题

1. "左进"的含义是什么？"右进"的含义是什么？

2. 在天正建筑中，绘制标准柱需要哪几个参数来描述其在三维空间的位置和形状？将柱子的形状划分为哪三种？

三、操作题

1. 绘制如图 2-75 所示的直线轴网。

2. 绘制如图 2-76 所示的 300×300 的标准柱。

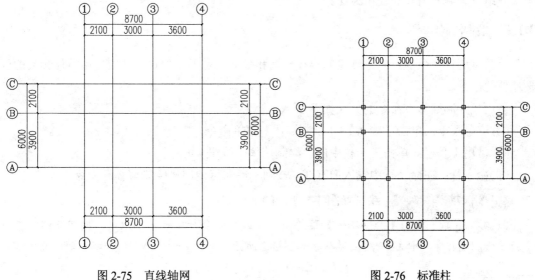

图 2-75　直线轴网　　　　　　　　图 2-76　标准柱

第3章 绘制与编辑墙体

墙体是组成建筑物的重要构件,主要用于支撑和划分房间,也是天正建筑软件中的核心对象。在天正建筑软件中绘制墙体需要确定的参数主要有墙体的位置、墙体的高度和宽度、墙体的类型、材料、内外墙的属性等。本章主要介绍墙体的绘制和编辑方法。

3.1 创建墙体

在天正建筑软件中创建墙体主要有"绘制墙体"、"单线变墙"、"等分加墙"等方式,以下来介绍每个墙体工具的使用方法。

3.1.1 绘制墙体

"绘制墙体"命令可以连续绘制双线直墙和弧墙,是天正建筑软件中使用得最频繁的创建墙体的命令。

调用"绘制墙体"命令的方法如下。

① 屏幕菜单:单击【墙体】|【绘制墙体】菜单命令。

② 常用工具栏:单击工具栏中的"绘制墙体"按钮 ▤。

③ 命令行:在命令行中输入 HZQT,按回车键即可调用"绘制墙体"命令。

【课堂举例 3-1】 绘制如图 3-1 所示的墙体

01 单击【墙体】|【绘制墙体】菜单命令,或在命令行中输入 HZQT,按回车键;在打开的【绘制墙体】对话框中,设置参数如图 3-2 所示。

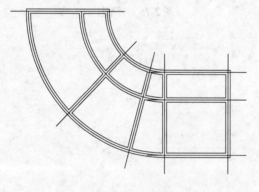

图 3-1 绘制墙体

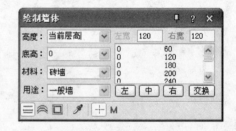

图 3-2 设置参数

02 在绘图区中分别点取直墙的起点和下一点,绘制结果如图 3-3 所示。

03 在【绘制墙体】对话框中,单击"绘制弧墙"按钮 ▨,根据命令行提示绘制弧墙,结果如图 3-4 所示。

04 在【绘制墙体】对话框中,单击"绘制直墙"按钮 ▤,即可绘制上侧直墙,结果如图 3-1 所示。

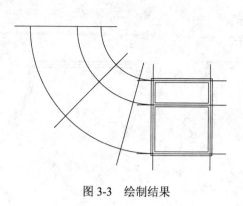

图 3-3 绘制结果

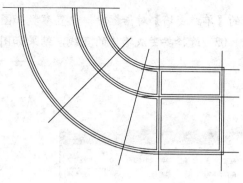

图 3-4 绘制弧墙

3.1.2 等分加墙

"等分加墙"命令可以在指定墙体的等分处，水平或垂直添加墙体，新增墙体延伸至指定边界并与之相交。

调用"等分加墙"命令的方法如下。

① 屏幕菜单：单击【墙体】|【等分加墙】菜单命令。

② 命令行：在命令行中输入 DFJQ，按回车键即可调用"等分加墙"命令。

【课堂举例 3-2】 为如图 3-5 所示的墙体等分加墙

01 单击【墙体】|【等分加墙】菜单命令，或在命令行中输入 DFJQ，按回车键；选择等分所参照的墙段，在打开的【绘制加墙】对话框中，设置参数如图 3-6 所示。

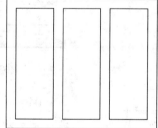

图 3-5 墙体等分加墙

图 3-6 设置参数

02 选择作为另一边界的墙段，完成等分加墙的绘制，如图 3-5 所示。

3.1.3 单线变墙

"单线变墙"命令可将直线、弧线等单线转变成墙体，也可以在绘制完成的轴网上生成墙体。

调用"单线变墙"命令的方法如下。

① 屏幕菜单：单击【墙体】|【单线变墙】菜单命令。

② 常用工具栏：单击工具栏中的"单线变墙"按钮 ▣ 。

③ 命令行：在命令行中输入 DXBQ，按回车键即可调用"单线变墙"命令。

【课堂举例 3-3】 绘制单线变墙

01 单击【墙体】|【单线变墙】菜单命令，或在命令行中输入 DXBQ，按回车键；在打

开的【单线变墙】对话框中，设置参数如图 3-7 所示。

02　选择要变成墙体的直线，结果如图 3-8 所示。

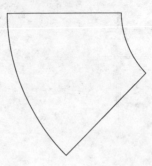

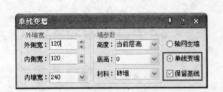

图 3-7　设置参数　　　　　　　　　　　　　　图 3-8　单线变墙

技巧　在【单线变墙】对话框中，取消"保留基线"复选框勾选，则单线变墙后不显示基线，如图 3-9 所示。

03　在【单线变墙】对话框中，设置参数如图 3-10 所示。

图 3-9　绘制结果

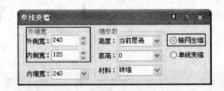

图 3-10　设置参数

04　选择要变成墙体的直线、圆弧，结果如图 3-11 所示。

3.1.4　墙体分段

"墙体分段"命令，可以修改墙体，将指定两点之间的墙体分为宽度不同的两段。

调用"墙体分段"命令的方法如下。

① 屏幕菜单：单击【墙体】|【墙体分段】菜单命令。

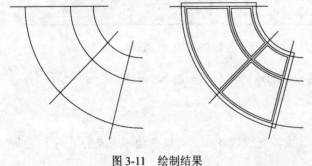

图 3-11　绘制结果

② 常用工具栏：单击工具栏中的"墙体分段"按钮 ![icon]。

③ 命令行：在命令行中输入 QTFD，按回车键即可调用"墙体分段"命令。

【课堂举例 3-4】 绘制如图 **3-12** 所示的墙体分段

01　单击【墙体】|【墙体分段】菜单命令，或在命令行中输入 QTFD，按回车键；选择一段墙，分别指定起点和终点，在弹出的【墙体编辑】对话框中设置参数如图 3-13 所示。

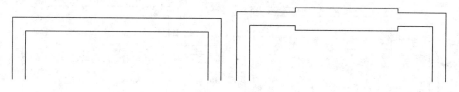

图 3-12　墙体分段

02　单击"确定"按钮，操作结果如图 3-12 所示。

3.1.5　转为幕墙

"转为幕墙"命令可以把包括示意幕墙在内的墙体对象转换为玻璃幕墙对象。

调用"转为幕墙"命令的方法如下。

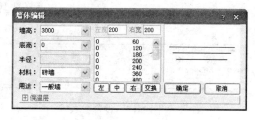

图 3-13　设置参数

① 屏幕菜单：单击【墙体】|【转为幕墙】菜单命令。

② 命令行：在命令行中输入 ZWMQ，按回车键即可调用"转为幕墙"命令。

【课堂举例 3-5】 将如图 3-14 所示的墙体转为幕墙

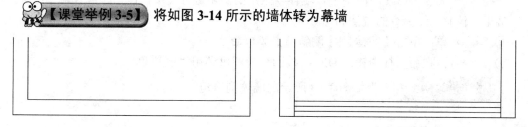

图 3-14　转为幕墙

图 3-15　选择墙体

01　单击【墙体】|【转为幕墙】菜单命令，或在命令行中输入 ZWMQ，按回车键；选择要转化为玻璃幕墙的墙体，如图 3-15 所示。

02　按回车键即可完成幕墙的转换，如图 3-14 所示。

3.2　墙体编辑

天正建筑提供了倒墙角、倒斜角、修墙角等墙体编辑工具，以下将对其进行一一介绍。

3.2.1　倒墙角

"倒墙角"命令可以使两段不平行墙体以指定圆角半径进行连接，圆角半径按墙中线计算。

调用"倒墙角"命令的方法如下。

① 屏幕菜单：单击【墙体】|【倒墙角】菜单命令。

② 命令行：在命令行中输入 DQJ，按回车键即可调用"倒墙角"命令。

【课堂举例 3-6】 为如图 3-16 所示的墙体倒墙角

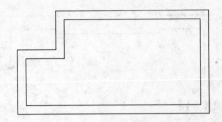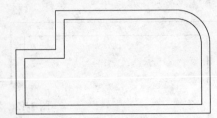

图 3-16　墙体倒墙角

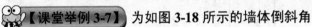

图 3-17　设置参数

01　单击【墙体】|【倒墙角】菜单命令，或在命令行中输入 DQJ，按回车键；根据命令行提示设置相应的参数，如图 3-17 所示。

02　选择第一直段墙和另一直段墙，倒角结果如图 3-16 所示。

3.2.2　倒斜角

"倒斜角"命令可以使两段不平行墙体以指定的倒角进行连接，倒角距离按墙中线计算。调用"倒斜角"命令的方法如下。

① 屏幕菜单：单击【墙体】|【倒斜角】菜单命令。

② 命令行：在命令行中输入 DXJ，按回车键即可调用"倒斜角"命令。

【课堂举例 3-7】　为如图 3-18 所示的墙体倒斜角

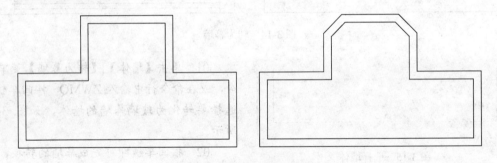

图 3-18　墙体倒斜角

01　单击【墙体】|【倒斜角】菜单命令，或在命令行中输入 DXJ，按回车键；根据命令行提示设置相应的参数，如图 3-19 所示。

02　选择第一直段墙和另一直段墙，倒斜角结果如图 3-18 所示。

```
命令：T81 TChamfer
选择第一段直墙或 [设距离(D),当前距离 1=0,距离 2=0]<退出>：D
指定第一个倒角距离<0>：500
指定第二个倒角距离<0>：500
选择第一段直墙或 [设距离(D),当前距离 1=500,距离 2=500]<退出>：
选择另一段直墙<退出>：
```

图 3-19　设置参数

3.2.3　修墙角

"修墙角"命令用于对属性相同的墙体的相交处及绘制失败的墙体进行清理。

调用"修墙角"命令的方法如下。

① 屏幕菜单：单击【墙体】|【修墙角】菜单命令。

② 命令行：在命令行中输入 XQJ，按回车键即可调用"修墙角"命令。

【课堂举例 3-8】 清理如图 3-20 所示的墙体

01　单击【墙体】|【修墙角】菜单命令，或在命令行中输入 XQJ，按回车键；根据命令行提示框选墙角区域，如图 3-21 所示。

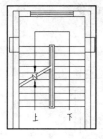 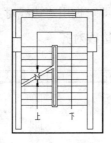 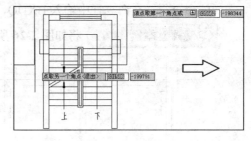

图 3-20　修墙角　　　　　　　　　　　图 3-21　框选墙角区域

02　完成修墙角的结果如图 3-20 所示。

3.2.4　基线对齐

"基线对齐"用于纠正墙线编辑过程中出现的错误及由于短墙的存在而造成的墙体显示不正确的情况。

调用"基线对齐"命令的方法如下。

① 屏幕菜单：单击【墙体】|【基线对齐】菜单命令。

② 命令行：在命令行中输入 JXDQ，按回车键即可调用"基线对齐"命令。

【课堂举例 3-9】 将如图 3-22 所示的墙体基线对齐

01　单击【墙体】|【基线对齐】菜单命令，或在命令行中输入 JXDQ，按回车键；单击作为对齐点的一个基线端点，如图 3-23 所示。

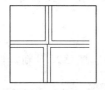 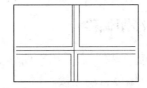 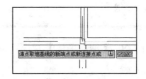

图 3-22　基线对齐　　　　　　　　　　图 3-23　单击基线端点

02　选择对齐所选基点的墙体，如图 3-24 所示，按回车键结束选择。

03　单击对齐点，如图 3-25 所示。

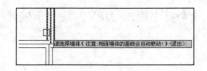 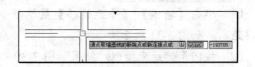

图 3-24　选择墙体　　　　　　　　　　图 3-25　单击对齐点

04　完成基线对齐的结果如图 3-22 所示，按回车键退出绘制。

3.2.5 边线对齐

"边线对齐"命令用于将墙线偏移到指定的位置，并维持基线不变。

调用"边线对齐"命令的方法如下。

① 屏幕菜单：单击【墙体】|【边线对齐】菜单命令。

② 命令行：在命令行中输入 BXDQ，按回车键即可调用"边线对齐"命令。

【课堂举例 3-10】 将如图 3-26 所示的墙体边线对齐

图 3-26 边线对齐

01 单击【墙体】|【边线对齐】菜单命令，或在命令行中输入 BXDQ，按回车键；点取墙边应该通过的点，如图 3-27 所示。

02 点取一段墙，如图 3-28 所示。

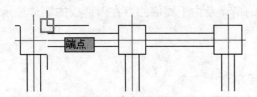

图 3-27 点取通过点

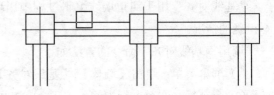

图 3-28 选择墙体

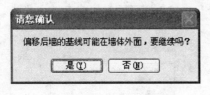

图 3-29 【请您确认】对话框

03 在弹出的【请您确认】对话框中单击"确定"按钮，如图 3-29 所示。

04 完成边线对齐操作，结果如图 3-26 所示。

3.2.6 净距偏移

"净距偏移"命令用于偏移复制墙体，且新绘制的墙体与已有墙体自动连接。

调用"净距偏移"命令的方法如下。

① 屏幕菜单：单击【墙体】|【净距偏移】菜单命令。

② 命令行：在命令行中输入 JJPY，按回车键即可调用"净距偏移"命令。

【课堂举例 3-11】 净距偏移如图 3-30 所示的墙体

01 单击【墙体】|【净距偏移】菜单命令，或在命令行中输入 JJPY，按回车键；输入偏移距离，如图 3-31 所示。

02 按回车键结束绘制，结果如图 3-30 所示。

3.2.7 墙柱保温

"墙柱保温"命令可以在绘制完成的墙段上加入或删除保温线。

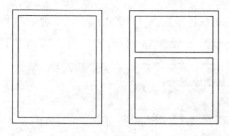

图 3-30　净距偏移　　　　　　　图 3-31　输入偏移距离

调用"墙柱保温"命令的方法如下。

① 屏幕菜单：单击【墙体】|【墙柱保温】菜单命令。

② 常用工具栏：单击工具栏中的"加保温层"按钮┗┛。

③ 命令行：在命令行中输入 QJBW，按回车键即可调用"墙柱保温"命令。

【课堂举例 3-12】 绘制如图 3-32 所示的墙柱保温

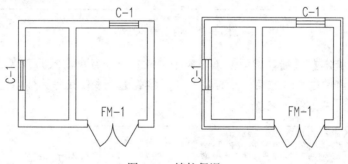

图 3-32　墙柱保温

01　单击【墙体】|【墙柱保温】菜单命令，或在命令行中输入 QJBW，按回车键。

02　分别指定墙、柱、墙体造型保温一侧，按回车键结束绘制，结果如图 3-32 所示。

提示 保温层线遇到门时，自动将保温层打断；遇到窗时，自动增加窗厚。

3.2.8　墙体造型

"墙体造型"命令可以根据指定的外框生成与墙体相关的造型。

调用"墙体造型"命令的方法如下。

① 屏幕菜单：单击【墙体】|【墙体造型】菜单命令。

② 命令行：在命令行中输入 QTZX，按回车键即可调用"墙体造型"命令。

【课堂举例 3-13】 绘制如图 3-33 所示的外凸墙体造型

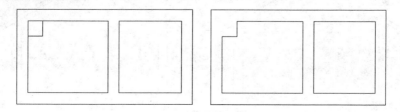

图 3-33　外凸墙体造型

单击【墙体】|【墙体造型】菜单命令，或在命令行中输入 QTZX，按回车键；根据命令行的提示选择相应的选项，如图 3-34 所示，绘制结果如图 3-33 所示。

```
命令: T81 TAddPatch
选择 [外凸造型(T)/内凹造型(A)]<外凸造型>:T
墙体造型轮廓起点或 [点取图中曲线(P)/点取参考点(R)]<退出>:P
选择一曲线(LINE/ARC/PLINE):
```

图 3-34　选择相应的选项

【课堂举例 3-14】绘制如图 3-35 所示的内凹墙体造型

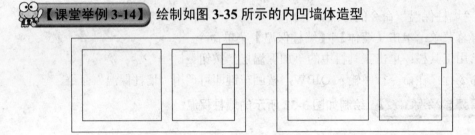

图 3-35　内凹墙体造型

01　单击【墙体】|【墙体造型】菜单命令，或在命令行中输入 QTZX，按回车键。

02　选择"内凹造型"选项，然后输入 P，接着选择多段线作为墙体造型轮廓线，如图 3-36 所示，绘制结果如图 3-35 所示。

```
命令: T81 TAddPatch
选择 [外凸造型(T)/内凹造型(A)]<内凹造型>:A
墙体造型轮廓起点或 [点取图中曲线(P)/点取参考点(R)]<退出>:P
选择一曲线(LINE/ARC/PLINE):
```

图 3-36　选择相应的选项

3.2.9　墙齐屋顶

"墙齐屋顶"命令可将墙体或柱子向上延伸，使本来水平的屋顶与当前的屋顶成一致的斜面。

调用"墙齐屋顶"命令的方法如下。

① 屏幕菜单：单击【墙体】|【墙齐屋顶】菜单命令。

② 命令行：在命令行中输入 QQWD，按回车键即可调用"墙齐屋顶"命令。

【课堂举例 3-15】绘制如图 3-37 所示的墙齐屋顶

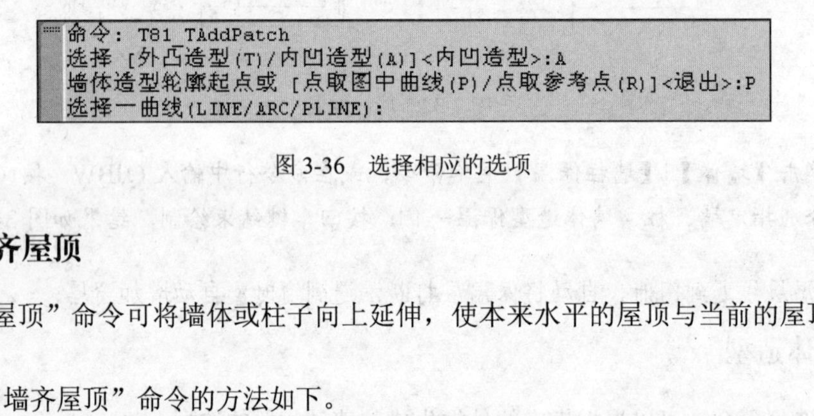

图 3-37　墙齐屋顶

01　单击【墙体】|【墙齐屋顶】菜单命令，或在命令行中输入 QQWD，按回车键。

02　选择屋顶，按回车键；选择墙或柱子，按回车键，完成墙齐屋顶操作，结果如图 3-37 所示。

 注意　"墙齐屋顶"命令不能对弧墙进行延伸操作。

3.3　墙体工具

双击绘制完成的墙体，在弹出的【墙体编辑】对话框中，可以对墙体的参数进行修改。单击【墙体】|【墙体工具】中的各项子菜单命令，可以对墙体进行批量修改。以下简单介绍各子菜单的用法。

3.3.1　改墙厚

"改墙厚"命令按照墙线集中的规则批量修改多段墙体的厚度，偏心墙除外。

调用"改墙厚"命令的方法如下。

① 屏幕菜单：单击【墙体】|【墙体工具】|【改墙厚】菜单命令。

② 命令行：在命令行中输入 GQH，按回车键即可调用"改墙厚"命令。

【课堂举例 3-16】 更改如图 3-38 所示的墙体厚度

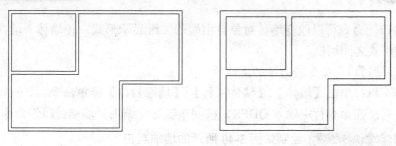

图 3-38　改墙厚

01　单击【墙体】|【墙体工具】|【改墙厚】菜单命令，或在命令行中输入 GQH，按回车键。

02　框选墙体，按回车键；输入新的墙宽，如图 3-39 所示，操作结果如图 3-38 所示。

```
命令: gqh T81 TWALLTHICK
选择墙体:指定对角点:找到 10 个
选择墙体:
新的墙宽<300>:600
```

图 3-39　输入墙宽

3.3.2　改外墙厚

"改外墙厚"命令可以整体修改外墙的厚度，但是执行命令前要先识别外墙，否则系统无法找到外墙进行处理。

调用"改外墙厚"命令的方法如下。

① 屏幕菜单：单击【墙体】|【墙体工具】|【改外墙厚】菜单命令。

② 命令行：在命令行中输入 GWQH，按回车键即可调用"改外墙厚"命令。

3.3.3　改高度

"改高度"命令可以成批地对选中的柱、墙体及造型的高度或底标高进行修改。此外，门窗的底标高可以和柱、墙联动修改。

调用"改高度"命令的方法如下。

① 屏幕菜单：单击【墙体】|【墙体工具】|【改高度】菜单命令。

② 命令行：在命令行中输入 GGD，按回车键即可调用"改高度"命令。

3.3.4　改外墙高

"改外墙高"命令可以整体修改外墙的高度，但是执行命令前要先识别外墙，否则系统无法找到外墙进行处理。

调用"改外墙高"命令的方法如下。

① 屏幕菜单：单击【墙体】|【墙体工具】|【改外墙高】菜单命令。

② 命令行：在命令行中输入 GWQG，按回车键即可调用"改外墙高"命令。

3.3.5　平行生线

"平行生线"命令可以在所选墙体的一侧，生成与墙体有指定距离的平行线段。

调用"平行生线"命令的方法如下。

① 屏幕菜单：单击【墙体】|【墙体工具】|【平行生线】菜单命令。

② 命令行：在命令行中输入 PXSX，按回车键即可调用"平行生线"命令。

3.3.6　墙端封口

"墙端封口"命令可以改变墙体对象自由端的二维显示形式，使墙体一端在"封闭"和"开口"两种形式之间切换。

调用"墙端封口"命令的方法如下。

① 屏幕菜单：单击【墙体】|【墙体工具】|【墙端封口】菜单命令。

② 命令行：在命令行中输入 QDFK，按回车键即可调用"墙端封口"命令。

【课堂举例3-17】 绘制如图 3-40 所示的墙端封口

图 3-40　墙端封口

01　单击【墙体】|【墙体工具】|【墙端封口】菜单命令，或在命令行中输入 QDFK，按回车键。

02　框选墙体，按回车键，操作结果如图 3-40 所示。

3.4　墙 体 立 面

墙体立面工具是为立面或三维建模做准备的墙体立面设计工具。天正建筑的墙体立面工具包括墙面 UCS、异形立面及矩形立面。

3.4.1　墙面 UCS

"墙面 UCS"命令可以将指定的视口转化为立面显示。

调用"墙面 UCS"命令的方法如下。

① 屏幕菜单：单击【墙体】|【墙体立面】|【墙面 UCS】
菜单命令。

② 命令行：在命令行中输入 QMUCS，按回车键即可调
用"墙面 UCS"命令。

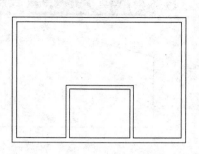

【课堂举例 3-18】 绘制如图 **3-41** 所示的墙面 UCS

01 单击【墙体】|【墙体立面】|【墙面 UCS】菜单命
令，或在命令行中输入 QMUCS，按回车键。

图 3-41 原墙体平面图

02 点取墙体一侧，按回车键确认为该对象，操作结果
如图 3-42 所示。

图 3-42 创建墙面 UCS 结果

3.4.2 异形立面

"异形立面"可以沿指定的裁剪线对墙体进行裁剪，用户可根据需要对多余的部分进行
删除。

调用"异形立面"命令的方法如下。

① 屏幕菜单：单击【墙体】|【墙体立面】|【异形立面】菜单命令。

② 命令行：在命令行中输入 YXLM，按回车键即可调用"异形立面"命令。

【课堂举例 3-19】 绘制如图 **3-43** 所示的异形立面

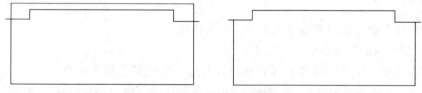

图 3-43 异形立面

01 单击【墙体】|【墙体立面】|【异形立面】菜单命令，或在命令行中输入 YXLM，
按回车键。

02 选择定制墙立面形状上的不闭合多段线，按回车键。

03 选择墙体，按回车键，操作结果如图 3-43 所示。

3.4.3 矩形立面

"矩形立面"命令可以将异形墙体转换为矩形墙体。

调用"矩形立面"命令的方法如下。

① 屏幕菜单：单击【墙体】|【墙体立面】|【矩形立面】菜单命令。

② 命令行：在命令行中输入 JXLM，按回车键即可调用"矩形立面"命令。

【课堂举例 3-20】 绘制如图 3-44 所示的矩形立面

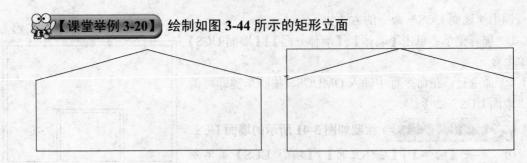

图 3-44　矩形立面

01　单击【墙体】|【墙体立面】|【矩形立面】菜单命令，或在命令行中输入 JXLM，按回车键。

02　选择墙体，按回车键，操作结果如图 3-44 所示。

3.5　识别内外墙

识别内外墙能更好地定义墙类型，在天正建筑中，内外墙的识别工具有识别内外、指定内墙、指定外墙以及加亮外墙。

3.5.1　识别内外

"识别内外"命令可以自动识别内、外墙，可同时设置墙体的内外特征。

调用"识别内外"命令的方法如下。

① 屏幕菜单：单击【墙体】|【识别内外】|【识别内外】菜单命令。

② 命令行：在命令行中输入 SBNW，按回车键即可调用"识别内外"命令。

3.5.2　指定内墙

"指定内墙"命令可以将选中的墙体指定为内墙。

调用"指定内墙"命令的方法如下。

① 屏幕菜单：单击【墙体】|【识别内外】|【指定内墙】菜单命令。

② 命令行：在命令行中输入 ZDNQ，按回车键即可调用"指定内墙"命令。

3.5.3　指定外墙

"指定外墙"命令可以将选中的墙体指定为外墙。

调用"指定外墙"命令的方法如下。

① 屏幕菜单：单击【墙体】|【识别内外】|【指定外墙】菜单命令。

② 命令行：在命令行中输入 ZDWQ，按回车键即可调用"指定外墙"命令。

3.5.4　加亮外墙

"加亮外墙"命令可将当前视图中所有外墙的外边线以红色虚线亮显。

调用"加亮外墙"命令的方法如下。

① 屏幕菜单：单击【墙体】|【识别内外】|【加亮外墙】菜单命令。

② 命令行：在命令行中输入 JLWQ，按回车键即可调用"加亮外墙"命令。

技巧　执行【视图】|【重生成】菜单命令，可以消除亮显的红色虚线。

3.6　典型实例——绘制住宅楼墙体平面图

结合前面所学的轴网知识及墙体知识，绘制如图 3-45 所示的住宅楼墙体平面图。

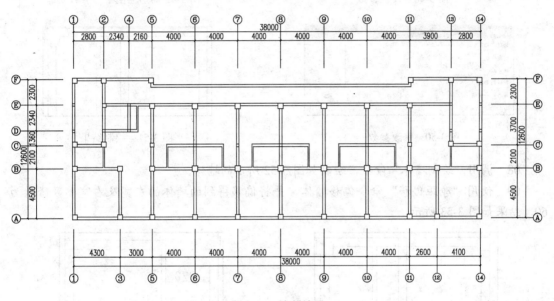

图 3-45　绘制结果

01　按组合键 Ctrl+O，打开第 2 章绘制的"绘制住宅楼轴网.dwg"文件。

02　单击【墙体】|【绘制墙体】菜单命令，或在命令行中输入 HZQT，按回车键；在打开的【绘制墙体】对话框中，设置参数如图 3-46 所示。

03　在绘图区中分别点取直墙的起点和下一点，绘制结果如图 3-47 所示。

图 3-46　设置参数

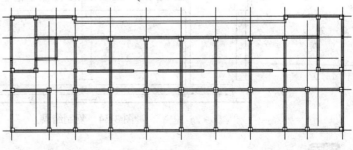

图 3-47　绘制墙体

04　单击【墙体】|【净距偏移】菜单命令，或在命令行中输入 JJPY，按回车键；输入偏移距离，如图 3-48 所示。

05　按回车键结束绘制，结果如图 3-49 所示。

06　双击偏移得到的墙体，在打开的【墙体编辑】对话框中修改参数，如图 3-50 所示。

07   单击"确定"按钮，结果如图 3-51 所示。

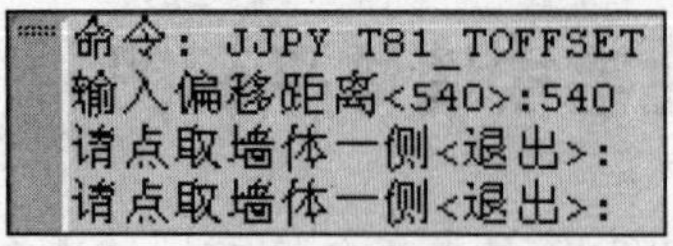

图 3-48   设置参数

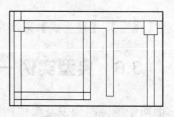

图 3-49   绘制结果

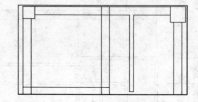

图 3-50   修改参数

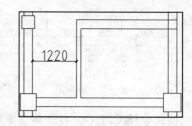

图 3-51   绘制结果

08   调用"绘制墙体"命令，绘制如图 3-52 所示的墙体。

09   使用"净距偏移"命令偏移墙体，并将偏移得到的墙体的左宽及右宽参数修改为 60，结果如图 3-53 所示

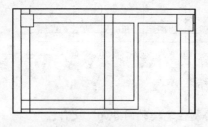

图 3-52   绘制墙体

图 3-53   绘制结果

10   调用 COPY|CO 命令，将编辑修改后的墙体复制到右边，如图 3-54 所示。

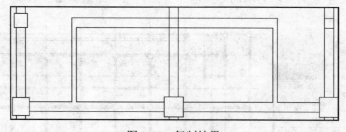

图 3-54   复制结果

> **提示**
> 也可调用 MIRROR|MI 命令，镜像复制墙体至右边。

11   墙体绘制完成的最终结果如图 3-45 所示。

3.7   典型实例——绘制办公楼墙体平面图

下面以办公楼墙体平面图为例，如图 3-55 所示，介绍使用天正建筑的绘制墙体命令及编

辑墙体命令的使用方法。

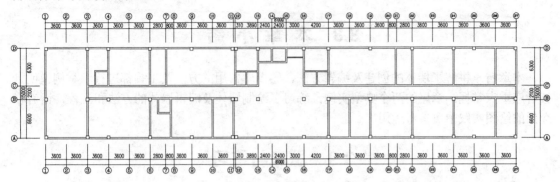

图 3-55　绘制墙体

01　按组合键 Ctrl+O，打开第 2 章绘制的"绘制办公楼轴网.dwg"文件。

02　单击【墙体】|【绘制墙体】菜单命令，或在命令行中输入 HZQT，按回车键；在打开的【绘制墙体】对话框中，设置参数如图 3-56 所示。

图 3-56　设置参数

03　在绘图区中分别点取直墙的起点和下一点，绘制结果如图 3-57 所示。

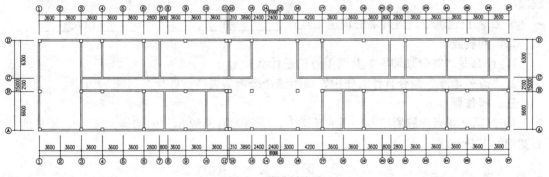

图 3-57　绘制结果

04　使用"净距偏移"命令偏移墙体，并将偏移得到的墙体的左宽及右宽参数修改为 60，结果如图 3-58 所示。

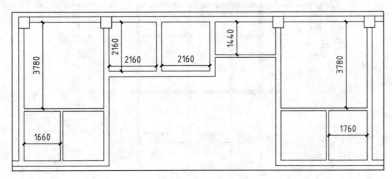

图 3-58　编辑墙体

05 墙体最终的绘制结果如图 3-55 所示。

3.8 本 章 小 结

本章着重讲解了墙体的创建及编辑方法，绘图中常用的方法及工具都进行了举例说明，读者应重点掌握。章尾的两个典型实例，练习了绘制墙体及编辑墙体的方法和流程，读者在今后的绘图实践中可参考运用。

3.9 思考与练习

一、填空题

1. 墙基线指墙体的_____，多位于_____，与轴线重合，有时也位于墙体的外部。

2. 在天正建筑中创建墙体主要有_____、_____、_____等方式。

3. 调用"倒墙角"命令的方法有
屏幕菜单：单击【_____】|【_____】菜单命令；
命令行：在命令行中输入_____，按回车键即可调用"倒墙角"命令。

4. "改高度"命令可以成批地对选中的_____、_____及造型的高度或_____进行修改。此外，门窗的底标高可以和_____、_____联动修改。

5. "平行生线"命令可以在所选_____的一侧，生成与_____有指定距离的平行线段。

6. 在天正建筑中，内外墙的识别工具有_____、_____、_____以及_____。

二、问答题

1. 什么是"等分加墙"？其调用方法是什么？

2. "改外墙厚"命令有什么作用？调用该命令前需要注意些什么问题？

三、操作题

1. 在第 2 章操作题所绘制轴网的基础上，绘制如图 3-59 所示的墙体。（提示：墙体的左右宽均为 120mm）

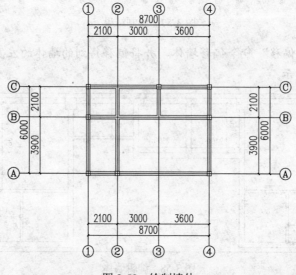

图 3-59 绘制墙体

2. 调用"等分加墙"命令，绘制如图 3-60 所示的墙体。

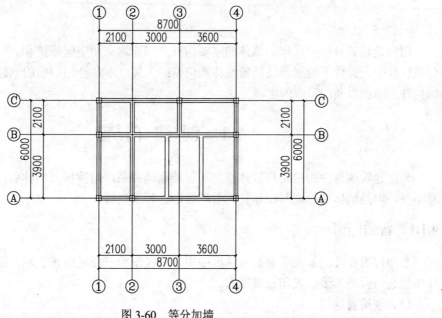

图 3-60   等分加墙

第4章 门　　窗

　　门窗是建筑设计中仅次于墙体的重要构件，在建筑立面中起维护和装饰的作用。在天正建筑软件中，提供了绘制普通门窗及特殊门窗的工具，本章介绍门窗的创建和编辑，门窗装饰构件的添加以及门窗表的生成方法。

4.1　创建门窗

　　天正建筑软件中的门窗和墙体建立了智能联动关系。门窗插入墙体后，墙体的外观和尺寸不变，但是墙体的粉刷面积和开洞面积已经进行了更新。

4.1.1　普通门窗

　　普通门窗在【门】或【窗】对话框中用二维视图和三维视图来表示，用户可自行在门窗库中挑选门窗的二维形式和三维形式。

　　（1）创建普通门

　　调用"门窗"命令的方法如下。

　　① 屏幕菜单：单击【门窗】|【门窗】菜单命令。

　　② 常用工具栏：单击工具栏中的"门窗"按钮 。

　　③ 命令行：在命令行中输入 MC，按回车键即可调用"门窗"命令。

　　【课堂举例4-1】 绘制如图4-1所示的门

　　01　单击【门窗】|【门窗】菜单命令，或在命令行中输入 MC，按回车键，打开【门】对话框。

　　02　单击【门】对话框左边的二维视图窗口，在弹出的【天正图库管理系统】对话框中选择门的二维样式，如图4-2所示。

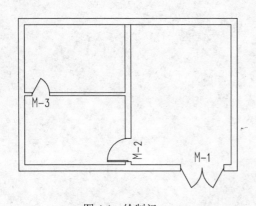

图4-1　绘制门

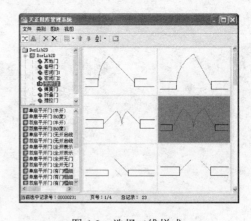

图4-2　选择二维样式

　　03　单击【门】对话框右边的三维视图窗口，在弹出的【天正图库管理系统】对话框中选择门的三维样式，如图4-3所示。

04 双击门样式图标返回【门】对话框，设置参数如图 4-4 所示。

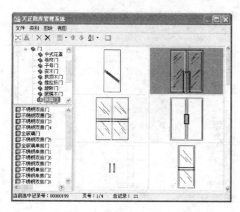

图 4-3 选择三维样式

图 4-4 设置参数

05 根据命令行的提示绘制门图形，结果如图 4-5 所示。

06 在【门】对话框中选择相应的门样式及设置相应的参数，门图形的绘制结果如图 4-1 所示。

（2）创建普通窗

在【门】对话框中单击"插窗"按钮 ，弹出【窗】对话框。

【课堂举例 4-2】 绘制如图 4-6 所示的窗

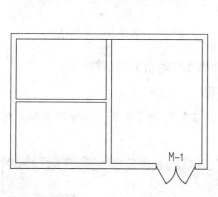

图 4-5 绘制结果

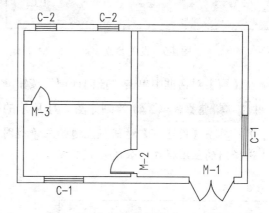

图 4-6 绘制窗

01 单击【窗】对话框左边的二维视图窗口，在弹出的【天正图库管理系统】对话框中选择窗的二维样式，如图 4-7 所示。

02 单击【窗】对话框右边的三维视图窗口，在弹出的【天正图库管理系统】对话框中选择窗的三维样式，如图 4-8 所示。

03 双击窗样式图标返回【窗】对话框，设置参数如图 4-9 所示。

04 根据命令行的提示绘制窗图形，结果如图 4-10 所示。

05 在【窗】对话框中选择相应的窗样式及设置相应的参数，窗图形的绘制结果如图 4-6 所示。

（3）创建门连窗

门连窗指单个门、窗的组合，在门窗表中作为单个门窗来进行统计，其中门的二维图例固定为单扇平开门。

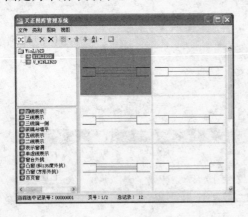

图 4-7　选择二维样式

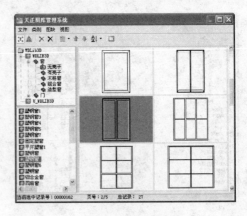

图 4-8　选择三维样式

图 4-9　设置参数

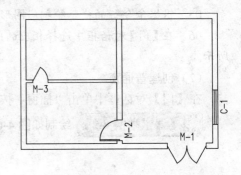

图 4-10　绘制结果

在【窗】对话框中单击"插门连窗"按钮 ，弹出【门连窗】对话框。

【课堂举例 4-3】绘制如图 4-11 所示的门连窗

01　单击【门连窗】对话框左边的三维视图窗口，在弹出的【天正图库管理系统】对话框中选择门的三维样式，如图 4-12 所示。

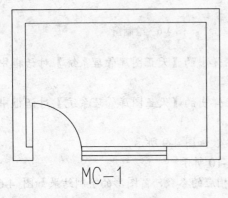

图 4-11　绘制门连窗

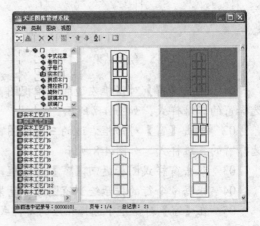

图 4-12　选择门样式

02　单击【门连窗】对话框右边的三维视图窗口，在弹出的【天正图库管理系统】对话框中选择窗的三维样式，如图 4-13 所示。

03　双击窗样式图标返回【窗】对话框，设置参数如图 4-14 所示。

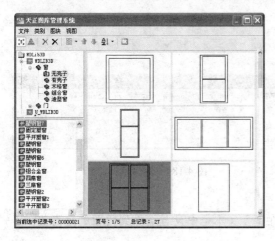

图 4-13　选择窗的三维样式　　　　　　　　图 4-14　设置参数

04　根据命令行的提示绘制门连窗图形，结果如图 4-11 所示。

（4）创建子母门

子母门为两个尺寸不等的平开门的组合，在门窗表中作为单个门窗来统计。

在【插门连窗】对话框中单击"插子母门"按钮 M，弹出【子母门】对话框。

【课堂举例 4-4】　绘制如图 4-15 所示的子母门

01　单击【门连窗】对话框左边的三维视图窗口，在弹出的【天正图库管理系统】对话框中选择大门的三维样式，如图 4-16 所示。

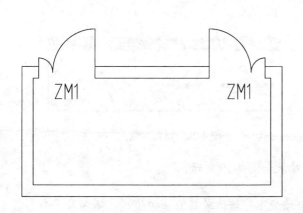

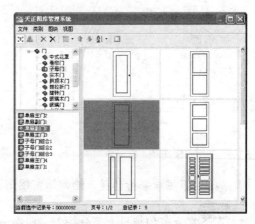

图 4-15　绘制子母门　　　　　　　　　　　图 4-16　选择大门样式

02　单击【门连窗】对话框右边的三维视图窗口，在弹出的【天正图库管理系统】对话框中选择小门的三维样式，如图 4-17 所示。

03　双击门样式图标返回【子母门】对话框，单击"垛宽定距插入"按钮 ，设置参数如图 4-18 所示。

04　根据命令行的提示绘制子母门图形，结果如图 4-15 所示。

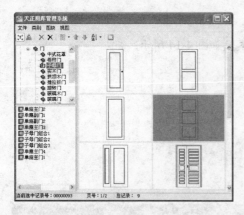

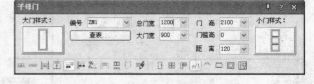

图4-17　选择小门样式　　　　　　　　　　图4-18　设置参数

提示 垛宽定距插入：在【门】对话框中的"距离"文本框中设置墙垛到门窗的距离值，然后在墙体上单击即可插入门窗。

（5）创建弧窗

弧窗安装在弧墙上，且窗上的弧形玻璃与弧墙具有相同曲率和半径。

在【子母门】对话框中单击"插弧窗"按钮，弹出【弧窗】对话框。

【课堂举例4-5】 绘制如图4-19所示的弧窗

01　在【弧窗】对话框中单击"在点取的墙段上等分插入"按钮，设置窗户参数如图4-20所示。

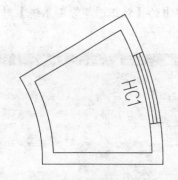

图4-19　绘制弧窗　　　　　　　　　　图4-20　设置参数

02　根据命令行的提示绘制弧窗图形，结果如图4-19所示。

提示 在点取的墙段上等分插入，即在一个墙段上按墙体较短的一侧边线，插入若干个门窗，使各门窗之间墙垛的长度相等。

（6）创建凸窗

凸窗指在墙上凸出的窗体。在天正建筑中，可以创建如梯形、三角形、圆弧及矩形四种形状的凸窗。

在【弧窗】对话框中单击"插凸窗"按钮，弹出【凸窗】对话框。

【课堂举例4-6】 绘制如图4-21所示的梯形凸窗

01 在【凸窗】对话框中单击"自由插入"按钮，设置梯形凸窗的参数如图 4-22 所示。

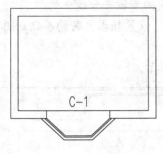

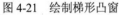

图 4-21 绘制梯形凸窗   图 4-22 设置参数

02 根据命令行的提示绘制梯形凸窗，结果如图 4-21 所示。

注意 自由插入：可在墙段的任意位置插入门窗，速度快但是难精确定位。

03 在【凸窗】对话框中单击"按墙顺序插入"按钮，设置三角形凸窗的参数如图 4-23 所示。

04 根据命令行的提示绘制三角形凸窗，结果如图 4-24 所示。

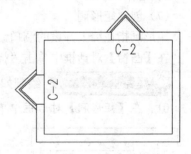

图 4-23 设置三角形凸窗参数   图 4-24 绘制三角形凸窗

技巧 按墙顺序插入：以距离点取位置较近的墙边端点或基线墙为起点，按给定的顺序插入选定的门窗，此后顺着前进的方向连续插入。

05 在【凸窗】对话框中单击"轴线等分插入"按钮，设置圆弧凸窗的参数如图 4-25 所示。

06 根据命令行的提示绘制圆弧凸窗，结果如图 4-26 所示。

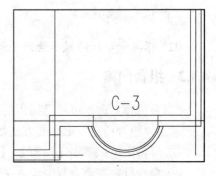

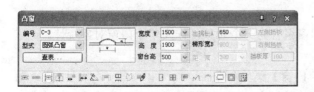

图 4-25 设置参数   图 4-26 绘制圆弧凸窗

提示 轴线等分插入：将一个或多个门窗插入到两根轴线间的墙段等分线中间。

07 在【凸窗】对话框中单击"轴线定距插入"按钮，设置矩形凸窗的参数如图 4-27 所示。

08 根据命令行的提示绘制矩形凸窗，结果如图 4-28 所示。

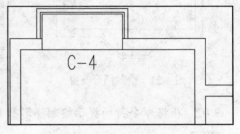

图 4-27 设置参数 　　　　　　　　　　图 4-28 绘制矩形凸窗

技巧 轴线定距插入：在对话框中的"距离"文本框中输入门窗左侧与基线的距离，然后在墙体上单击即可插入门窗。

（7）创建矩形洞

矩形洞指在墙上开设的洞口。

在【凸窗】对话框中单击"插矩形洞"按钮，弹出【矩形洞】对话框。

【课堂举例 4-7】 绘制如图 4-29 所示的矩形洞

01 在【矩形洞】对话框中单击"垛宽定距插入"按钮，设置参数如图 4-30 所示。

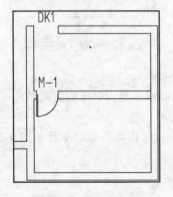

图 4-29 绘制矩形洞 　　　　　　　　图 4-30 设置参数

02 根据命令行的提示绘制矩形洞，结果如图 4-29 所示。

4.1.2 组合门窗

"组合门窗"命令可将已插入的门和窗组合为一个对象，作为单个门窗对象统计。

调用"组合门窗"命令的方法如下。

① 屏幕菜单：单击【门窗】|【组合门窗】菜单命令。

② 命令行：在命令行中输入 ZHMC，按回车键即可调用"组合门窗"命令。

【课堂举例 4-8】 绘制如图 4-31 所示的组合门窗

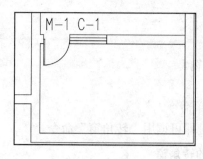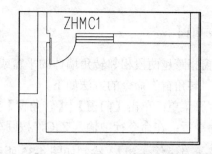

图 4-31 绘制组合门窗

01 单击【门窗】|【组合门窗】菜单命令，或在命令行中输入 ZHMC，按回车键；选择需要组合的门窗和编号文字，按回车键；输入编号，按回车键，如图 4-32 所示。

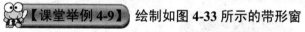
```
命令: ZHMc T81 TGROUPOPENING
选择需要组合的门窗和编号文字:找到 1 个
选择需要组合的门窗和编号文字:找到 1 个,总计 2 个
选择需要组合的门窗和编号文字:
输入编号:ZHMC1
```

图 4-32 输入编号

02 操作结果如图 4-31 所示。

4.1.3 带形窗

带形窗指跨越多段墙体的若干扇普通窗的组合，各扇窗共用一个编号，窗的宽度与墙体的宽度相同。

调用"带形窗"命令的方法如下。

① 屏幕菜单：单击【门窗】|【带形窗】菜单命令。

② 命令行：在命令行中输入 DXC，按回车键即可调用"带形窗"命令。

【课堂举例 4-9】 绘制如图 4-33 所示的带形窗

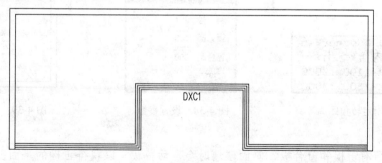

图 4-33 绘制带形窗

01 单击【门窗】|【带形窗】菜单命令，或在命令行中输入 DXC，按回车键；在弹出的【带形窗】对话框中设置参数如图 4-34 所示。

02 在绘图区中指定起始点和终止点，选择带形窗经过的墙；按回车键，绘制结果如图 4-33 所示。

图 4-34 设置参数

4.1.4　转角窗

转角窗指跨越两段相邻转角墙体的平窗或凸窗。

调用"转角窗"命令的方法如下。

① 屏幕菜单：单击【门窗】|【转角窗】菜单命令。

② 命令行：在命令行中输入 ZJC，按回车键即可调用"转角窗"命令。

【课堂举例 4-10】 绘制如图 4-35 所示的转角窗

01　单击【门窗】|【转角窗】菜单命令，或在命令行中输入 ZJC，按回车键；在弹出的【绘制角窗】对话框中设置参数，如图 4-36 所示。

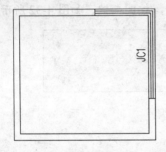

图 4-35　绘制转角窗　　　　　　　　图 4-36　设置参数

02　在绘图区中选取墙内角，分别指定转角距离 1、2，如图 4-37 所示。

03　按回车键完成绘制，如图 4-35 所示。

04　在【绘制角窗】对话框中，勾选"凸窗"复选框，如图 4-38 所示。

05　在绘图区中选取墙内角，分别指定转角距离 1 为 1500，转角距离 2 为 2000，绘制结果如图 4-39 所示。

```
命令: T81 TCornerWin
请选取墙内角<退出>:
转角距离1<1100>:2000
转角距离2<1500>:3000
```

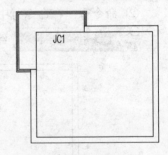

图 4-37　指定转角距离　　　　图 4-38　设置参数　　　　图 4-39　绘制结果

提示 转角窗有窗棂和窗台板，侧面碰墙时会自动剪裁，以获得正确的平面图效果。

4.1.5　异形洞

"异形洞"命令可以在指定的闭合多段线的基础上生成任意洞口。

调用"异形洞"命令的方法如下。

① 屏幕菜单：单击【门窗】|【异形洞】菜单命令。

② 命令行：在命令行中输入 YXD，按回车键即可调用"异形洞"命令。

4.2　门窗编辑和工具

在创建好门窗后可对其进行修改，例如门窗的参数和位置以及将门窗翻转或者组合等。

4.2.1　内外翻转

"内外翻转"命令可将选定的门窗以墙中线为轴线进行内外翻转。

调用"内外翻转"命令的方法如下。

① 屏幕菜单：单击【门窗】|【内外翻转】菜单命令。

② 命令行：在命令行中输入 NWFZ，按回车键即可调用"内外翻转"命令。

【课堂举例 4-11】 内外翻转如图 4-40 所示的门

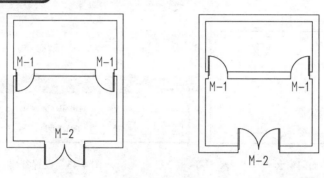

图 4-40　内外翻转

01　单击【门窗】|【内外翻转】菜单命令，或在命令行中输入 NWFZ，按回车键。

02　选择待翻转的门窗，按回车键，操作结果如图 4-40 所示。

4.2.2　左右翻转

"左右翻转"命令可将选定的门窗以门窗中垂线为轴线进行左右翻转，可改变门窗的开启方向。

调用"左右翻转"命令的方法如下。

① 屏幕菜单：单击【门窗】|【左右翻转】菜单命令。

② 命令行：在命令行中输入 ZYFZ，按回车键即可调用"左右翻转"命令。

【课堂举例 4-12】 左右翻转如图 4-41 所示的门

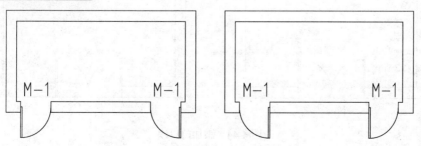

图 4-41　左右翻转

01　单击【门窗】|【左右翻转】菜单命令，或在命令行中输入 ZYFZ，按回车键。

02　选择待翻转的门窗，按回车键，操作结果如图 4-41 所示。

4.2.3　添加门窗套

"门窗套"命令可在选定的门窗上添加门窗套。

调用"门窗套"命令的方法如下。

① 屏幕菜单：单击【门窗】|【门窗工具】|【门窗套】菜单命令。

② 命令行：在命令行中输入 MCT，按回车键即可调用"门窗套"命令。

【课堂举例 4-13】　绘制如图 4-42 所示的门窗套

01　单击【门窗】|【门窗工具】|【门窗套】菜单命令，或在命令行中输入 MCT，按回车键；在弹出的【门窗套】对话框中设置参数，如图 4-43 所示。

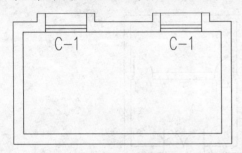

图 4-42　加门窗套

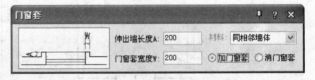

图 4-43　设置参数

02　在绘图区中选择外墙上的门窗，并点取窗套所在的一侧，操作结果如图 4-42 所示。

4.2.4　添加门口线

"门口线"命令可以在指定的门图形的某一侧添加门口线，表示门槛或两侧地面标高的不同。

调用"门口线"命令的方法如下。

① 屏幕菜单：单击【门窗】|【门窗工具】|【门口线】菜单命令。

② 命令行：在命令行中输入 MCX，按回车键即可调用"门口线"命令。

【课堂举例 4-14】　绘制如图 4-44 所示的门口线

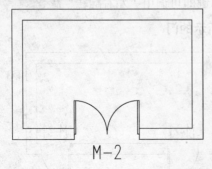
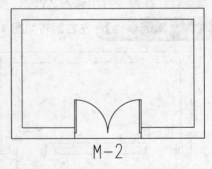

图 4-44　添加门口线

01　单击【门窗】|【门窗工具】|【门口线】菜单命令，或在命令行中输入 MCX，按回

车键；在弹出的【门口线】对话框中设置参数，如图 4-45
所示。

  02 在绘图区中选取需要加门口线的门，并点取门口
线所在的一侧。

  03 在【门口线】对话框中选择"居中"选项，根据
命令行提示绘制门口线，结果如图 4-46 所示。

图 4-45 设置参数

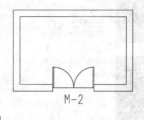

图 4-46 绘制结果

  04 在【门口线】对话框中选择"双侧"选项，并设置偏移距离；根据命令行提示绘制
门口线，结果如图 4-47 所示。

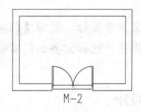

图 4-47 绘制结果

注意 门口线是门的对象属性之一，因此会随着门的移动而移动。

4.2.5 添加装饰套

  "加装饰套"命令可为选定的门窗添加各种装饰风格和参数的门窗套。

  调用"加装饰套"命令的方法如下。

  ① 屏幕菜单：单击【门窗】|【门窗工具】|【加装饰套】菜单命令。

  ② 命令行：在命令行中输入 JZST，按回车键即可调用"加装饰套"命令。

【课堂举例 4-15】 绘制如图 4-48 所示的装饰套

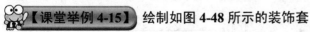
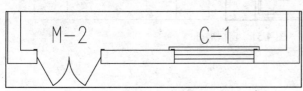

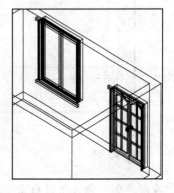

图 4-48 加装饰套

01　单击【门窗】|【门窗工具】|【加装饰套】菜单命令，或在命令行中输入 JZST，按回车键；在弹出的【门窗套设计】对话框中设置参数，如图 4-49 所示。

02　在【门窗套设计】对话框中单击"选择"按钮，在打开的【天正图库管理系统】对话框中选择装饰套的图标，如图 4-50 所示。

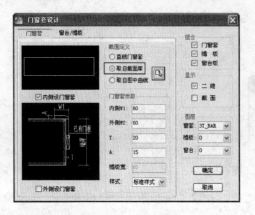

图 4-49　设置参数

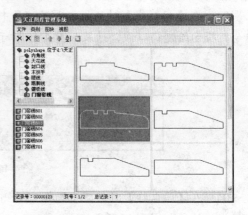

图 4-50　【天正图库管理系统】对话框

03　双击装饰套图标，返回【门窗套设计】对话框，单击"确定"按钮。

04　在绘图区中选择需要加门窗套的门窗，点取室内一侧，完成门窗套的绘制结果如图 4-48 所示。

4.2.6　窗棂展开

"窗棂展开"命令可以在平面图上将窗户玻璃按立面尺寸展开。

调用"窗棂展开"命令的方法如下。

① 屏幕菜单：单击【门窗】|【门窗工具】|【窗棂展开】菜单命令。

② 命令行：在命令行中输入 CLZK，按回车键即可调用"窗棂展开"命令。

【课堂举例 4-16】　窗棂展开如图 4-51 所示的窗户

01　单击【门窗】|【门窗工具】|【窗棂展开】菜单命令，或在命令行中输入 CLZK，按回车键。

02　在绘图区中选择窗，点击展开位置，结果如图 4-51 所示。

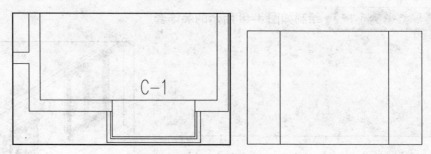

图 4-51　窗棂展开

4.2.7　窗棂映射

"窗棂映射"命令可以自定义在展开的门窗立面图上添加窗棂分格线，然后在目标窗上按默认尺寸映射，此时目标窗上即更新为所定义的三维窗棂分格效果。

调用"窗棂映射"命令的方法如下。

① 屏幕菜单：单击【门窗】|【门窗工具】|【窗棂映射】菜单命令。

② 命令行：在命令行中输入 CLYS，按回车键即可调用"窗棂映射"命令。

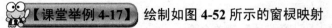 绘制如图 4-52 所示的窗棂映射

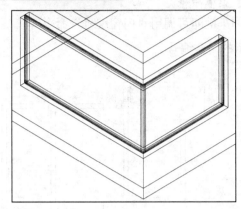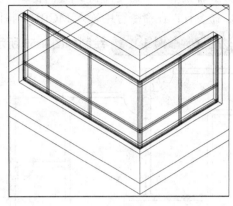

图 4-52　窗棂映射

01　调用 LINE/L 命令，在展开的窗棂区域中绘制窗棂，如图 4-53 所示。

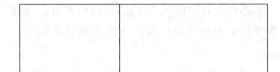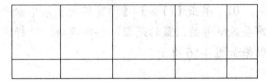

图 4-53　绘制窗棂

02　单击【门窗】|【门窗工具】|【窗棂映射】菜单命令，或在命令行中输入 CLYS，按回车键；选择待映射的窗，按回车键；选择待映射的棂线，按回车键；单击映射的基点，如图 4-54 所示。

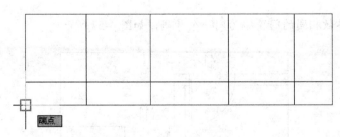

图 4-54　单击映射基点

03　操作结果如图 4-52 所示。

4.3　门窗编号和门窗表

门窗的编号便于对门窗进行统计、检查以及修改，本节介绍编辑门窗编号及创建门窗表

的方法。

4.3.1 门窗编号

"门窗编号"命令可以生成或修改现有的门窗编号。

调用"门窗编号"命令的方法如下。

① 屏幕菜单：单击【门窗】|【门窗编号】菜单命令。

② 命令行：在命令行中输入 MCBH，按回车键即可调用"门窗编号"命令。

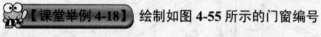 【课堂举例4-18】 绘制如图4-55所示的门窗编号

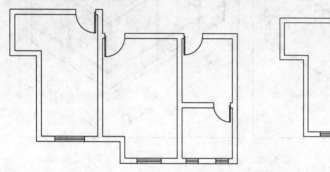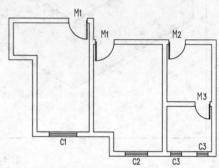

图 4-55　门窗编号

01　单击【门窗】|【门窗编号】菜单命令，或在命令行中输入 MCBH，按回车键；框选需要改编号的门窗的范围，按回车键；选择需要修改编号的样板门窗，输入新的门窗编号，结果如图4-56所示。

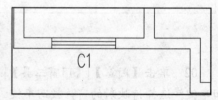

```
命令: T81 TChWinLab
请选择需要改编号的门窗的范围<退出>:指定对角点: 找到 6 个
请选择需要改编号的门窗的范围<退出>:
请选择需要修改编号的样板门窗或[自动编号(S)]<退出>:
请选择需要修改编号的样板门窗或[自动编号(S)]<退出>:
请输入新的门窗编号或[删除编号(E)]<C1520>:C1
```

图 4-56　输入编号

02　将门窗参数相同的门窗编为同一个号码，如图4-57所示。

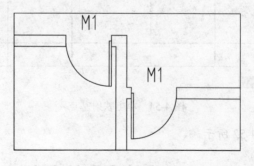

图 4-57　编号结果

03　重复同样的步骤对其他门窗进行编号，结果如图4-55所示。

4.3.2　门窗检查

"门窗检查"命令可以检查当前视图中已有的门窗数据是否合理。

调用"门窗检查"命令的方法如下。

① 屏幕菜单：单击【门窗】|【门窗检查】菜单命令。

② 命令行：在命令行中输入 MCJC，按回车键即可调用"门窗检查"命令。

【课堂举例 4-19】 提取如图 4-58 所示的门窗检查表

01　单击【门窗】|【门窗检查】菜单命令，或在命令行中输入 MCJC，按回车键。

02　打开【门窗检查】对话框，单击"选取范围"按钮。

03　在绘图区中框选待检查的门窗，按回车键；得到如图 4-58 所示的门窗检查表。

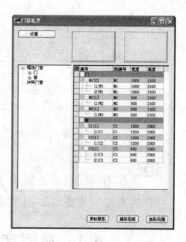

图 4-58　门窗检查表

提示　在【门窗检查】对话框中可以检查门窗参数是否合理，若有不合理的则会显示在"冲突门窗"的下拉列表中。

4.3.3　门窗表和门窗总表

"门窗表"用于统计当前图形文件中所有门窗的数量和参数。

"门窗总表"用于统计本工程中多个平面图使用的门窗编号，检查后生成门窗总表。

调用"门窗表"命令的方法如下。

① 屏幕菜单：单击【门窗】|【门窗表】菜单命令。

② 命令行：在命令行中输入 MCB，按回车键即可调用"门窗表"命令。

【课堂举例 4-20】 提取如图 4-59 所示的门窗表

单击【门窗】|【门窗表】菜单命令，或在命令行中输入 MCB，按回车键；在绘图区中选择门窗，按回车键，即可生成门窗表，如图 4-59 所示。

门窗表

类型	设计编号	洞口尺寸(mm)	数量	图集名称	页次	选用型号	备注
普通门	M1	1000X2100	2				
	M2	900X2100	1				
	M3	800X2100	1				
普通窗	C1	1500X2000	1				
	C2	1200X2000	1				
	C3	600X2000	2				

图 4-59　门窗表

【课堂举例 4-21】 提取如图 4-60 所示的门窗总表

01　单击【门窗】|【门窗总表】菜单命令，或在命令行中输入 MCZB，按回车键。

02　在绘图区中点取门窗总表位置，如图 4-60 所示。

门窗表

| 类型 | 设计编号 | 洞口尺寸(mm) | 数量 | | | | | 图集选用 | | | 备注 |
			1	2	3	4	合计	图集名称	页次	选用型号	
普通门	M1	1000X2100	2	2	2	2	8				
	M2	900X2100	1	1	1	1	4				
	M3	800X2100	1	1	1	1	4				
普通窗	C1	1500X2000	1	1	1	1	4				
	C2	1200X2000	1	1	1	1	4				
	C3	600X2000	2	2	2	2	8				

图 4-60　门窗总表

注意　在创建门窗总表前，要先新建工程创建楼层表，否则不能提取门窗总表。新建工程的方法和步骤在后面的章节会有详细介绍，在此不作重复介绍。

4.4　典型实例——绘制住宅楼平面图添加门窗

下面介绍图 4-61 所示的住宅楼平面图门窗的绘制方法。

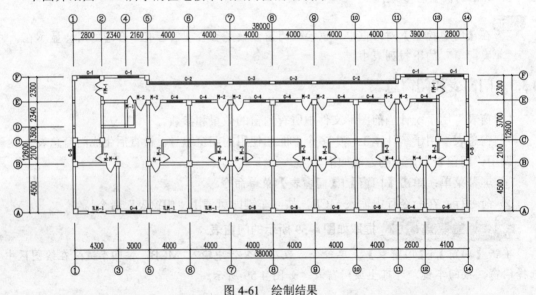

图 4-61　绘制结果

01　按组合键 Ctrl+O，打开第 3 章绘制的"绘制住宅楼墙体.dwg"文件。

02　单击【门窗】|【门窗】菜单命令，或在命令行中输入 MC，按回车键；在打开的【门】对话框中设置参数，如图 4-62 所示。

03　根据命令行的提示绘制门图形，结果如图 4-63 所示。

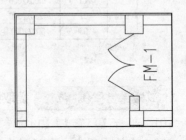

图 4-63　绘制结果

图 4-62　设置参数

04　在【门】对话框中设置参数，根据命令行的提示绘制门图形，如图 4-64 所示。

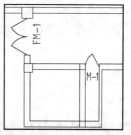

图 4-64　绘制结果

05　在【门】对话框中设置参数，根据命令行的提示绘制门图形，如图 4-65 所示。

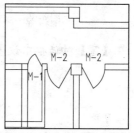

图 4-65　绘制结果

06　在【门】对话框中设置阳台推拉门的参数，根据命令行的提示绘制门图形，如图 4-66 所示。

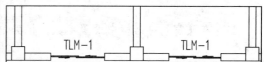

图 4-66　绘制推拉门

07　重复同样的步骤，在【门】对话框中设置相应的参数，完成门图形的绘制，结果如图 4-67 所示。

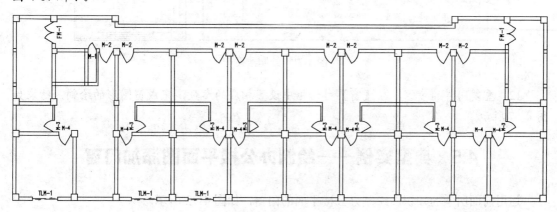

图 4-67　绘制结果

08　在【门】对话框中单击"插窗"按钮 ，弹出【窗】对话框，设置窗户参数如图 4-68 所示。

09　根据命令行的提示绘制窗图形，结果如图 4-69 所示。

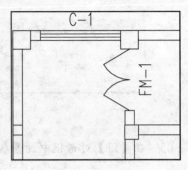

图 4-68　设置参数　　　　　　　　　　图 4-69　绘制结果

10　在【窗】对话框中设置参数，根据命令行的提示绘制窗图形，如图 4-70 所示。

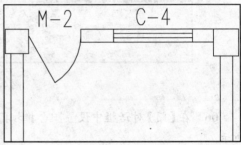

图 4-70　绘制结果

11　在【窗】对话框中设置参数，根据命令行的提示绘制窗图形，如图 4-71 所示。

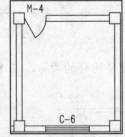

图 4-71　绘制结果

12　重复同样的步骤，在【窗】对话框中设置相应的参数，完成窗图形的绘制，结果如图 4-67 所示。

4.5　典型实例——绘制办公楼平面图添加门窗

运用前面所学的知识，绘制办公楼平面的门窗，如图 4-72 所示。

01　按组合键 Ctrl+O，打开第 3 章绘制的"绘制办公楼墙体.dwg"文件。

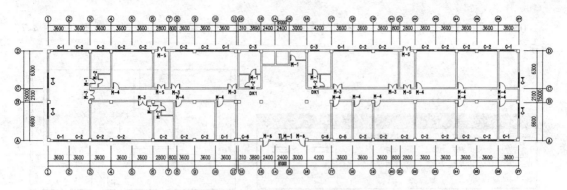

图 4-72　绘制办公楼平面门窗

02　单击【门窗】|【门窗】菜单命令，或在命令行中输入 MC，按回车键；在打开的【门】对话框中设置参数，如图 4-73 所示。

03　根据命令行的提示绘制门图形，结果如图 4-74 所示。

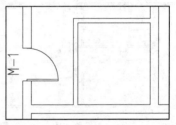

图 4-73　设置参数　　　　　　　　　图 4-74　绘制结果

04　在【门】对话框中设置参数，根据命令行的提示绘制门图形，如图 4-75 所示。

图 4-75　绘制结果

05　在【门】对话框中设置双扇平开门的参数，根据命令行的提示绘制门图形，如图 4-76 所示。

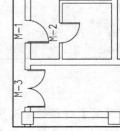

图 4-76　绘制结果

06 在【门】对话框中设置矩形洞的参数，根据命令行的提示绘制矩形洞图形，如图 4-77 所示。

 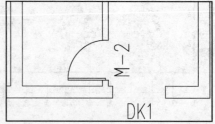

图 4-77 绘制结果

07 重复同样的步骤，在【门】对话框中设置相应的参数，完成门图形的绘制，结果如图 4-78 所示。

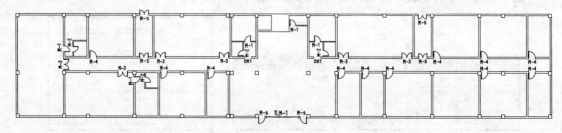

图 4-78 绘制结果

08 在【门】对话框中单击"插窗"按钮⊞，弹出【窗】对话框，设置窗户参数如图 4-79 所示。

09 根据命令行的提示绘制窗图形，结果如图 4-80 所示。

 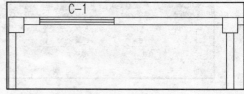

图 4-79 设置参数   图 4-80 绘制结果

10 在【窗】对话框中设置参数，根据命令行的提示绘制窗图形，如图 4-81 所示。

 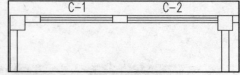

图 4-81 绘制结果

11 在【窗】对话框中设置参数，根据命令行的提示绘制窗图形，如图 4-82 所示。

12 重复同样的步骤，在【窗】对话框中设置相应的参数，完成窗图形的绘制，结果如图 4-72 所示。

 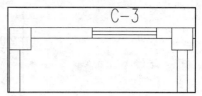

图 4-82   绘制结果

4.6   本 章 小 结

本章简明扼要地介绍了各类门窗的概念及创建和编辑方法。在天正建筑中，门窗主要分为普通门窗和特殊门窗两类。

① 介绍了创建各类普通门窗及特殊门窗的方法。

② 用实例说明门窗编辑工具的使用。

③ 门窗表及门窗总表的创建，有利于检查和修改门窗图形。

本章最后的两个典型实例让读者将所学的知识融会贯通，学以致用。

4.7   思考与练习

一、填空题

1. 弧窗安装在_____上，且窗上的弧形玻璃与_____具有相同曲率和半径。

2. 门窗的插入方法有_____、_____、_____、_____、_____、_____、_____、_____、_____。

3. 调用"门窗"命令，可以绘制___、___、___、___、___、___、___。

二、问答题

1. 改变门开启方向的命令有哪些？其调用方法是什么？

2. 什么是窗棂展开和窗棂映射？其调用方法是什么？

三、操作题

1. 根据如图 4-83 所示的门窗表，在第 3 章操作题所绘制的等分加墙的基础上，绘制如图 4-84 所示的门窗。

门窗表

类型	设计编号	洞口尺寸(mm)	数量	图集名称	页次	选用型号	备注
普通门	M-1	1500X2400	1				
	M-2	650X2000	1				
	M-3	800X2000	2				
	M-4	800X2000	2				
普通窗	C-1	1500X1800	1				
	C-2	1000X1800	1				
	C-3	1200X1800	3				
	C-4	1500X1800	1				
洞口	DK1	1000X2100	1				

图 4-83   门窗表

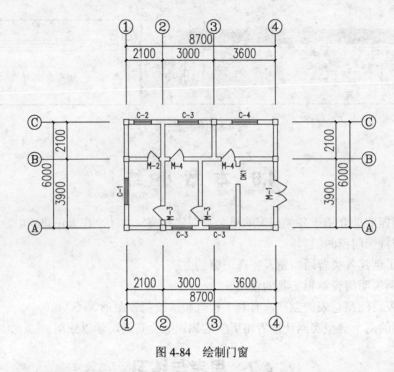

图 4-84   绘制门窗

2．收集一些建筑平面图，使用前面介绍的方法，绘制轴网、柱子、墙体及门窗。

第5章 创建室内外设施

室内构件主要指楼梯、电梯、扶手和栏杆等，室外构件主要包括阳台、台阶、散水等。本章主要介绍建筑施工图中各室内外设施的绘制。

5.1 创 建 楼 梯

楼梯是建筑物的竖向构件，是联系楼房上下层的通道。对楼梯的设计要求是要具有足够的通行能力；防火、防烟、防滑等各方面的要求符合相关的规定和标准。

电梯是高层建筑中主要的交通工具，能节省体力及时间，因而成为主流。本节主要介绍楼梯、电梯及其附属构件的绘制方法。

5.1.1 直线梯段

直线梯段是沿直线前进的楼梯，常用于进入楼层不高的室内空间。

调用"直线梯段"命令的方法如下。

① 屏幕菜单：单击【楼梯其他】|【直线梯段】菜单命令。

② 命令行：在命令行中输入 ZXTD，按回车键即可调用"直线梯段"命令。

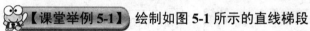 【课堂举例 5-1】 绘制如图 5-1 所示的直线梯段

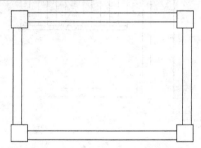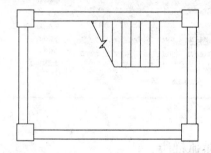

图 5-1　直线梯段

01　单击【楼梯其他】|【直线梯段】菜单命令，或在命令行中输入 ZXTD，按回车键；打开【直线梯段】对话框，设置参数如图 5-2 所示。

02　在命令行中输入 A，将梯段图形翻转 90°；在绘图区中点取插入绘制即可，绘制结果如图 5-1 所示。

图 5-2　设置参数

> **提示** 梯段宽：直线梯段水平方向上的宽度值；梯段长度：直线梯段直线方向上的长度值。

03　在【直线梯段】对话框中勾选"左边梁"复选框，直线梯段的绘制结果如图 5-3 所示。

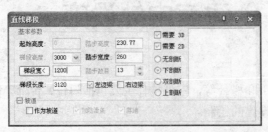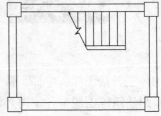

图 5-3   绘制结果

04   在【直线梯段】对话框中勾选"无剖断"复选框,直线梯段的绘制结果如图 5-4 所示。

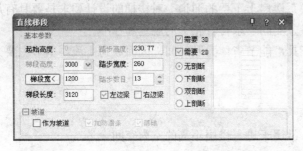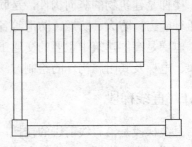

图 5-4   绘制结果

05   在【直线梯段】对话框中勾选"双剖断"复选框,直线梯段的绘制结果如图 5-5 所示。

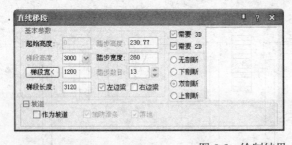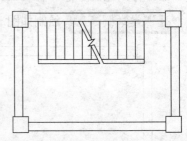

图 5-5   绘制结果

5.1.2   圆弧梯段

"圆弧梯段"命令可绘制单段的弧形梯段。

调用"圆弧梯段"命令的方法如下。

① 屏幕菜单:单击【楼梯其他】|【圆弧梯段】菜单命令。

② 命令行:在命令行中输入 YHTD,按回车键即可调用"圆弧梯段"命令。

【课堂举例 5-2】 绘制如图 5-6 所示的圆弧梯段

01   单击【楼梯其他】|【圆弧梯段】菜单命令,或在命令行中输入 YHTD,按回车键;打开【圆弧梯段】对话框,设置参数如图 5-7 所示。

02   在绘图区中点取位置即可绘制圆弧梯段,结果如图 5-6 所示。

提示 内圆定位/外圆定位:用来确定梯段的定位方式。内圆半径/外圆半径:用来确定梯段的内圆或外圆半径。起始角:用来确定梯段弧线的起始角度。圆心角:用来确定梯段的夹角,值越大,则弧线越长。

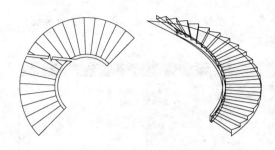

图 5-6 圆弧梯段　　　　　　　　　　　　图 5-7 设置参数

5.1.3 任意梯段

"任意梯段"命令可根据已知的边界创建出梯段。

调用"任意梯段"命令的方法如下。

① 屏幕菜单：单击【楼梯其他】|【任意梯段】菜单命令。

② 命令行：在命令行中输入 RYTD，按回车键即可调用"任意梯段"命令。

【课堂举例 5-3】 绘制如图 5-8 所示的任意梯段

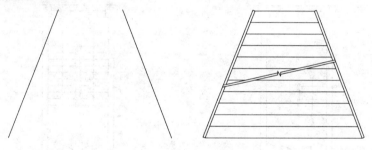

图 5-8 任意梯段

01　单击【楼梯其他】|【任意梯段】菜单命令，或在命令行中输入 RYTD，按回车键；点取梯段左侧及右侧边线，打开【任意梯段】对话框，设置参数如图 5-9 所示。

02　单击"确定"按钮，完成任意梯段的绘制，结果如图 5-8 所示。

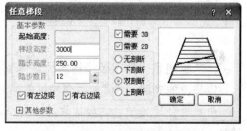

图 5-9 设置参数

5.1.4 双跑楼梯

双跑楼梯指由两个跑道、一个休息平台和扶手等对象组成的折叠楼梯。双跑楼梯及多跑楼梯多用于层数较多且层高较大的建筑物，在梯段转角时要加入休息平台。

调用"双跑楼梯"命令的方法如下。

① 屏幕菜单：单击【楼梯其他】|【双跑楼梯】菜单命令。

② 常用工具栏：单击工具栏中的"双跑楼梯"按钮 。

③ 命令行：在命令行中输入 SPLT，按回车键即可调用"双跑楼梯"命令。

【课堂举例 5-4】 绘制如图 5-10 所示的双跑楼梯

01　单击【楼梯其他】|【双跑楼梯】菜单命令，或在命令行中输入 SPLT，按回车键；打开【双跑楼梯】对话框，设置参数如图 5-11 所示。

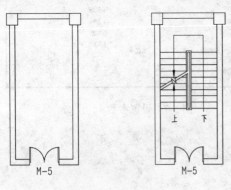

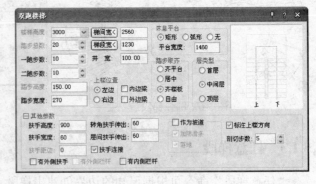

图 5-10　双跑楼梯　　　　　　　　　　　　图 5-11　设置参数

02　在绘图区中点取位置即可绘制双跑楼梯，结果如图 5-10 所示。

03　在【双跑楼梯】对话框中选择"首层"选项，绘制首层双跑楼梯，如图 5-12 所示。

04　在【双跑楼梯】对话框中选择"顶层"选项，绘制顶层双跑楼梯，如图 5-13 所示。

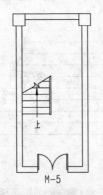

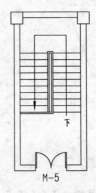

图 5-12　首层双跑楼梯　　　　　　　　　　图 5-13　顶层双跑楼梯

注意　梯间宽：显示了楼梯间的整体宽度；梯间宽=梯段宽×2+井宽。梯段宽：一个直线梯段的宽度。井宽：两个梯段的间距。休息平台：在上楼过程起到中途休息的作用，用户可自定义平台的形状及尺寸大小。

5.1.5　多跑楼梯

多跑楼梯指以梯段开始且以梯段结束、梯段和休息平台交替布置的不规则楼梯。

调用"多跑楼梯"命令的方法如下。

① 屏幕菜单：单击【楼梯其他】|【多跑楼梯】菜单命令。

② 命令行：在命令行中输入 DPLT，按回车键即可调用"多跑楼梯"命令。

【课堂举例 5-5】　绘制如图 **5-14** 所示的多跑楼梯

01　单击【楼梯其他】|【多跑楼梯】菜单命令，或在命令行中输入 DPLT，按回车键；打开【多跑楼梯】对话框，设置参数如图 5-15 所示。

02　点取楼梯起点，在梯段上显示 10/30 时单击鼠标左键，如图 5-16 所示。

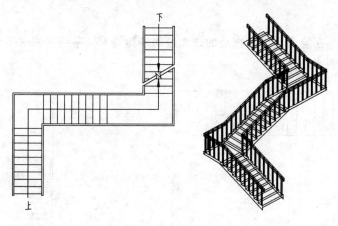

图 5-14　多跑楼梯

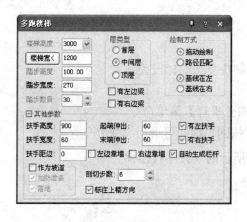

图 5-15　设置参数

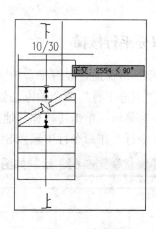

图 5-16　点取起点

03　输入平台宽度 1200，按回车键，如图 5-17 所示。

04　输入 T，鼠标向右移动，在梯段上显示 10、20/30 时单击鼠标左键，如图 5-18 所示。

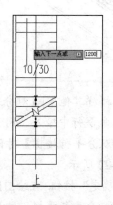

图 5-17　输入平台宽度

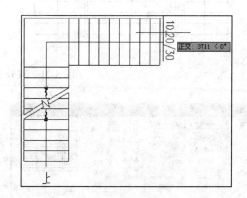

图 5-18　输入 T

05　输入平台宽度 1200，按回车键，如图 5-19 所示。

06　输入 T，鼠标向右移动，在梯段上显示 10、30/30 时单击鼠标左键，如图 5-20 所示。

07　多跑楼梯的绘制结果如图 5-14 所示。

提示 拖动绘制：在绘图区中以拖动的方式绘制多跑楼梯。基线在左/右：设置基线位于多跑楼梯的左侧或右侧。

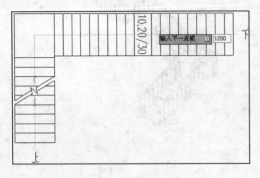

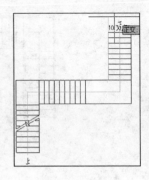

图 5-19　输入平台宽度　　　　　　　　　　　　图 5-20　输入 T

5.1.6　双分平行楼梯

双分平行楼梯通过设置平台的宽度可解决复杂的梯段关系。

调用"双分平行"命令的方法如下。

① 屏幕菜单：单击【楼梯其他】|【双分平行】菜单命令。

② 命令行：在命令行中输入 SFPX，按回车键即可调用"双分平行"命令。

【课堂举例 5-6】 绘制如图 5-21 所示的双分平行楼梯

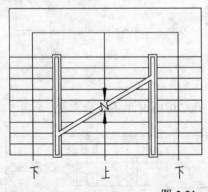

图 5-21　双分平行楼梯

图 5-22　设置参数

01 单击【楼梯其他】|【双分平行】菜单命令，或在命令行中输入 SFPX，按回车键；打开【双分平行楼梯】对话框，设置参数如图 5-22 所示。

02 单击"确定"按钮，在绘图区中点取位置即可创建双分平行楼梯，结果如图 5-21 所示。

5.1.7　双分转角楼梯

调用"双分转角"命令可创建双分转角

楼梯。

调用"双分转角"命令的方法如下。

① 屏幕菜单：单击【楼梯其他】|【双分转角】菜单命令。

② 命令行：在命令行中输入 SFZJ，按回车键即可调用"双分转角"命令。

【课堂举例5-7】绘制如图 5-23 所示的双分转角楼梯

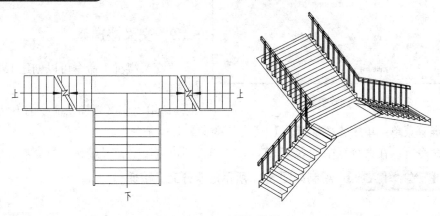

图 5-23　双分转角楼梯

01　单击【楼梯其他】|【双分转角】菜单命令，或在命令行中输入 SFZJ，按回车键；打开【双分转角楼梯】对话框，设置参数如图 5-24 所示。

02　单击"确定"按钮，在绘图区中点取位置即可创建双分转角楼梯，结果如图 5-23 所示。

5.1.8　双分三跑楼梯

调用"双分三跑"命令可创建双分三跑楼梯。

图 5-24　设置参数

调用"双分三跑"命令的方法如下。

① 屏幕菜单：单击【楼梯其他】|【双分三跑】菜单命令。

② 命令行：在命令行中输入 SFSP，按回车键即可调用"双分三跑"命令。

【课堂举例5-8】绘制如图 5-25 所示的双分三跑楼梯

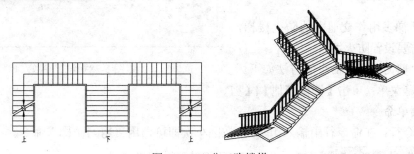

图 5-25　双分三跑楼梯

01　单击【楼梯其他】|【双分三跑】菜单命令，或在命令行中输入 SFSP，按回车键；打开【双分三跑楼梯】对话框，设置参数如图 5-26 所示。

02　单击"确定"按钮，在绘图区中点取位置即可创建双分三跑楼梯，结果如图 5-25 所示。

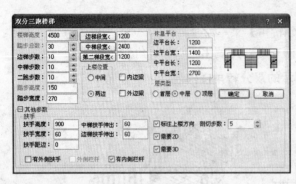

图 5-26　设置参数

5.1.9　交叉楼梯

"交叉楼梯"命令可以创建上下交叉的楼梯。

调用"交叉楼梯"命令的方法如下。

① 屏幕菜单：单击【楼梯其他】|【交叉楼梯】菜单命令。

② 命令行：在命令行中输入 JCLT，按回车键即可调用"交叉楼梯"命令。

【课堂举例 5-9】　绘制如图 5-27 所示的双分交叉楼梯

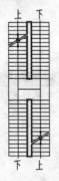
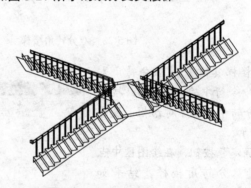

图 5-27　双分交叉楼梯

01　单击【楼梯其他】|【交叉楼梯】菜单命令，或在命令行中输入 SFSP，按回车键；打开【交叉楼梯】对话框，设置参数如图 5-28 所示。

02　单击"确定"按钮，在绘图区中点取位置即可创建交叉楼梯，结果如图 5-27 所示。

5.1.10　剪刀楼梯

剪刀楼梯多用作交通内的防火楼梯，两跑之间需要设置防火墙。

调用"剪刀楼梯"命令的方法如下。

① 屏幕菜单：单击【楼梯其他】|【剪刀楼梯】菜单命令。

② 命令行：在命令行中输入 JDLT，按回车键即可调用"剪刀楼梯"命令。

图 5-28　设置参数

【课堂举例 5-10】　绘制如图 5-29 所示的双分剪刀楼梯

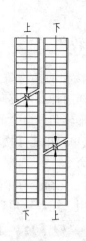
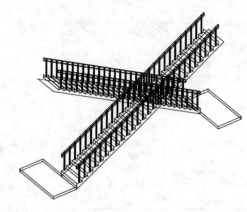

图 5-29　双分剪刀楼梯

01　单击【楼梯其他】|【剪刀楼梯】菜单命令，或在命令行中输入 JDLT，按回车键；打开【剪刀楼梯】对话框，设置参数如图 5-30 所示。

02　单击"确定"按钮，在绘图区中点取位置即可创建剪刀楼梯，结果如图 5-29 所示。

5.1.11　三角楼梯

三角楼梯可以设置不同的上楼方向。

调用"三角楼梯"命令的方法如下。

① 屏幕菜单：单击【楼梯其他】|【三角楼梯】菜单命令。

图 5-30　设置参数

② 命令行：在命令行中输入 SJLT，按回车键即可调用"三角楼梯"命令。

【课堂举例 5-11】绘制如图 5-31 所示的双分三角楼梯

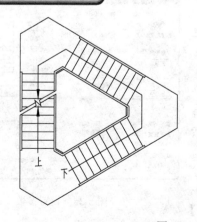
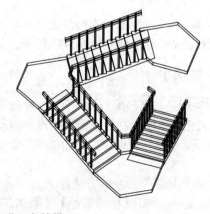

图 5-31　双分三角楼梯

01　单击【楼梯其他】|【三角楼梯】菜单命令，或在命令行中输入 SJLT，按回车键；打开【三角楼梯】对话框，设置参数如图 5-32 所示。

02　单击"确定"按钮，在绘图区中点取位置即可创建三角楼梯，结果如图 5-29 所示。

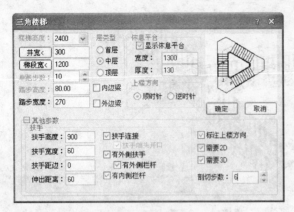

图 5-32　设置参数

5.1.12　矩形转角

矩形转角楼梯的梯跑数量可以从两跑到四跑，可选择两种上楼方向。

调用"矩形转角"命令的方法如下。

① 屏幕菜单：单击【楼梯其他】|【矩形转角】菜单命令。

② 命令行：在命令行中输入 JXZJ，按回车键即可调用"矩形转角"命令。

【课堂举例 5-12】绘制如图 5-33 所示的矩形转角楼梯

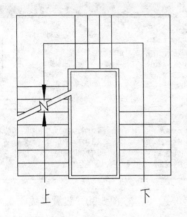

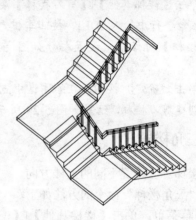

图 5-33　矩形转角楼梯

01　单击【楼梯其他】|【矩形转角】菜单命令，或在命令行中输入 JXZJ，按回车键；打开【矩形转角楼梯】对话框，设置参数如图 5-34 所示。

02　单击"确定"按钮，在绘图区中点取位置即可创建矩形转角楼梯，结果如图 5-33 所示。

5.1.13　添加扶手

扶手和栏杆是与梯段配合的构件，与梯段和台阶相联。在天正建筑中绘制的单跑楼梯没有自动添加扶手的选项，这就需要调用"添加扶手"命令为其添加扶手。

调用"添加扶手"命令的方法如下。

① 屏幕菜单：单击【楼梯其他】|【添加扶手】菜单命令。

② 命令行：在命令行中输入 TJFS，按回车键即可调用"添加扶手"命令。

【课堂举例 5-13】绘制如图 5-35 所示的扶手图形

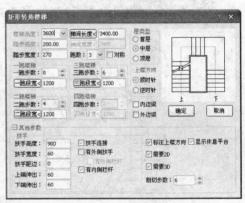

图 5-34　设置参数

01　调用【楼梯其他】|【直线梯段】菜单命令，绘制任意直线梯段，如图 5-36 所示。

02　单击【楼梯其他】|【添加扶手】菜单命令, 或在命令行中输入 TJFS, 按回车键; 选择梯段, 按回车键确认扶手的宽度、顶面高度及扶手距边的距离, 绘制结果如图 5-37 所示。

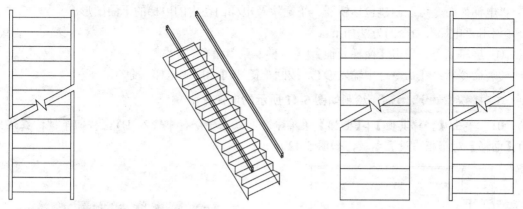

图 5-35　添加扶手　　　　　　　　　　图 5-36　直线梯段　　图 5-37　绘制扶手

03　重复操作步骤, 绘制另一边的扶手图形, 结果如图 5-35 所示。

5.1.14　连接扶手

"连接扶手" 命令可以将未连接的扶手连接起来。

调用 "连接扶手" 命令的方法如下。

① 屏幕菜单: 单击【楼梯其他】|【连接扶手】菜单命令。

② 命令行: 在命令行中输入 LJFS, 按回车键即可调用 "连接扶手" 命令。

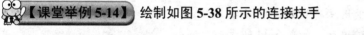【课堂举例 5-14】　绘制如图 5-38 所示的连接扶手

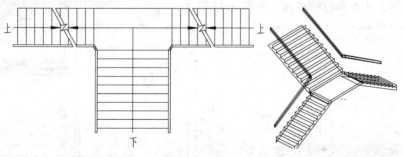

图 5-38　连接扶手

01　按组合键 Ctrl+O, 打开 "扶手原图.dwg" 文件, 如图 5-39 所示。

02　单击【楼梯其他】|【连接扶手】菜单命令, 或在命令行中输入 LJFS, 按回车键; 选择待连接的扶手, 如图 5-40 所示; 按回车键即可完成操作, 结果如图 5-38 所示。

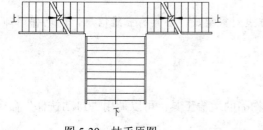

图 5-39　扶手原图

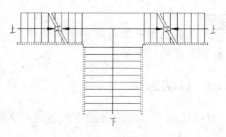

图 5-40　选择扶手

5.1.15　创建电梯

"电梯"命令可以创建包括轿厢、平衡块及电梯门在内的电梯的平面图形。

调用"电梯"命令的方法如下。

① 屏幕菜单：单击【楼梯其他】|【电梯】菜单命令。

② 命令行：在命令行中输入 DT，按回车键即可调用"电梯"命令。

【课堂举例 5-15】 绘制如图 5-41 所示的电梯

01　单击【楼梯其他】|【电梯】菜单命令，或在命令行中输入 DT，按回车键；在弹出的【电梯】对话框中设置参数，如图 5-42 所示。

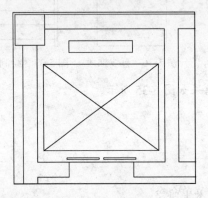

图 5-41　绘制电梯

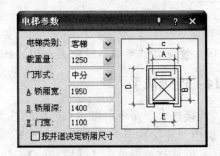

图 5-42　设置参数

02　点取电梯间的一个角点，如图 5-43 所示。

03　点取上一角点的对角点，如图 5-44 所示。

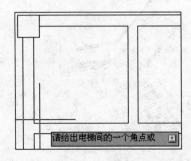

图 5-43　点取角点

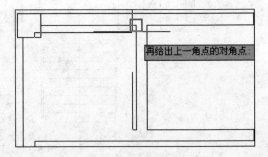

图 5-44　点取对角点

04　再分别点取开电梯门的墙线及平衡块所在的一侧，完成电梯的绘制，结果如图 5-41 所示。

注意　电梯图形中的轿厢和平衡块都由二维线对象组成，不具有三维信息，但电梯门却属于天正的门对象。

5.1.16　自动扶梯

自动扶梯是以运输带的方式运送行人或物品的运输工具，可以调用"自动扶梯"命令来绘制。

调用"自动扶梯"命令的方法如下。

① 屏幕菜单：单击【楼梯其他】|【自动扶梯】菜单命令。

② 命令行：在命令行中输入 ZDFT，按回车键即可调用"自动扶梯"命令。

【课堂举例 5-16】 绘制自动扶梯

01　单击【楼梯其他】|【自动扶梯】菜单命令，或在命令行中输入 ZDFT，按回车键；在弹出的【自动扶梯】对话框中设置参数，如图 5-45 所示。

02　单击"确定"按钮，在绘图区中点取位置即可创建自动扶梯，结果如图 5-46 所示。

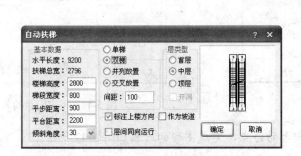

图 5-45　设置参数

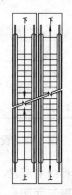

图 5-46　绘制结果

提示　梯段宽度为扶梯梯阶的宽度。平步距离为从自动扶梯工作点开始到踏步端线的距离，当为水平步道时，平步距离为 0。平台距离为从自动扶梯工作点开始到扶梯平台安装端线的距离，当为水平步道时，用户需重新自定义平台距离。间距为双梯中相邻裙板之间的净距。

5.2　创建室外设施

如阳台、台阶、坡道一类的室外设施是建筑设计中不可缺少的重要建筑构件，天正建筑软件提供了规范化绘制室外设置的工具及方法，以下来介绍其操作方法。

5.2.1　阳台

阳台指有永久性的上盖、护栏及台面，且与房屋相连，能加以利用的房屋附带设施，为居住者提供室外活动及晾晒衣物的空间。本小节介绍各种阳台的创建方法。

（1）凹阳台

凹阳台是指外墙线以内的阳台。

调用"阳台"命令的方法如下。

① 屏幕菜单：单击【楼梯其他】|【阳台】菜单命令。

② 命令行：在命令行中输入 YT，按回车键即可调用"阳台"命令。

【课堂举例 5-17】 绘制如图 5-47 所示的凹阳台

01　单击【楼梯其他】|【阳台】菜单命令，或在命令行中输入 YT，按回车键；在弹出的【阳台】对话框中设置参数，如图 5-48 所示。

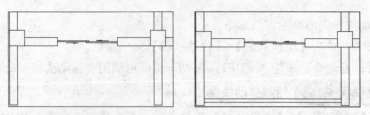

图 5-47　绘制凹阳台

02　在绘图区中指定阳台的起点，如图 5-49 所示。

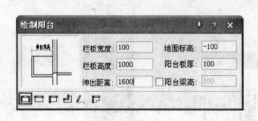

图 5-48　设置参数

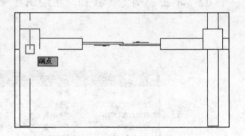

图 5-49　指定阳台的起点

03　鼠标向右移动，单击阳台的终点，完成图形的绘制如图 5-47 所示。

（2）矩形三面阳台

凸阳台是指凸出楼层外墙或柱子的阳台。矩形三面阳台是凸阳台中的一种，一边靠墙，另外三边架空。

【课堂举例 5-18】　绘制如图 **5-50** 所示的矩形三面阳台

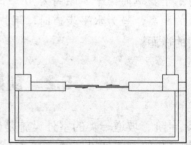

图 5-50　绘制矩形三面阳台

01　单击【楼梯其他】|【阳台】菜单命令，或在命令行中输入 YT，按回车键；在弹出的【阳台】对话框中单击"矩形三面阳台"按钮，并设置参数，如图 5-51 所示。

02　在绘图区中指定阳台的起点，如图 5-52 所示。

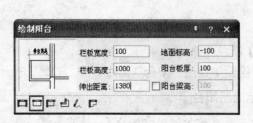

图 5-51　设置参数

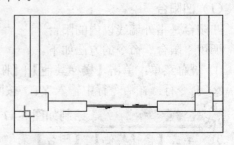

图 5-52　指定起点

03　鼠标向右移动，单击终点，完成矩形三面阳台的绘制如图 5-50 所示。

（3）阴角阳台

阴角阳台指有两边靠墙，另外两边有阳台挡板的阳台。

【课堂举例 5-19】　绘制如图 **5-53** 所示的阴角阳台

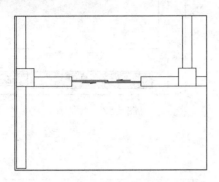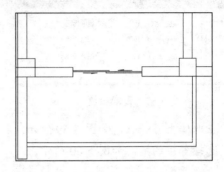

图 5-53　绘制阴角阳台

01　单击【楼梯其他】|【阳台】菜单命令，或在命令行中输入 YT，按回车键；在弹出的【阳台】对话框中单击"阴角阳台"按钮 ▢，并设置参数，如图 5-54 所示。

02　在绘图区中指定阳台的起点，如图 5-55 所示。

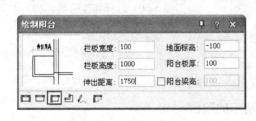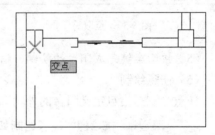

图 5-54　设置参数　　　　　　　　　　　图 5-55　指定起点

03　鼠标向右移动，单击终点，完成阴角阳台的绘制如图 5-53 所示。

（4）沿墙偏移绘制

沿墙偏移绘制指根据所选墙体的轮廓，指定偏移距离生成阳台。

【课堂举例 5-20】　沿墙偏移绘制如图 **5-56** 所示的阳台

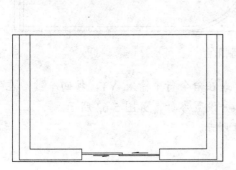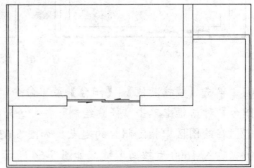

图 5-56　沿墙偏移绘制结果

01　单击【楼梯其他】|【阳台】菜单命令，或在命令行中输入 YT，按回车键；在弹出的【阳台】对话框中单击"沿墙偏移绘制"按钮，并设置参数，如图 5-57 所示。

02　在绘图区中点取墙上一点，如图 5-58 所示。

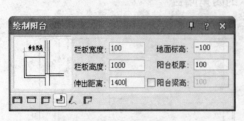

图 5-57　设置参数

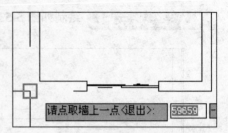

图 5-58　点取墙上一点

03　点取墙上另一点，如图 5-59 所示。

04　选择邻接的墙，如图 5-60 所示。

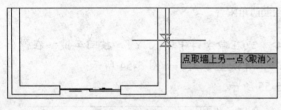

图 5-59　点取另一点

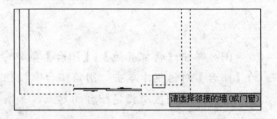

图 5-60　选择邻接的墙

05　按回车键完成阳台的绘制，结果如图 5-56 所示。

（5）任意绘制

任意绘制是指自定义阳台的外轮廓线，生成向内偏移的阳台。

 **【课堂举例 5-21】** 任意绘制如图 **5-61** 所示的阳台

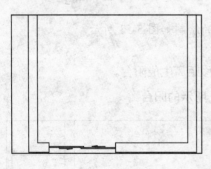
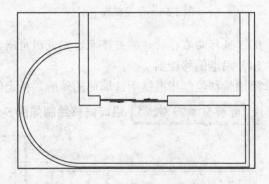

图 5-61　绘制阳台

01　单击【楼梯其他】|【阳台】菜单命令，或在命令行中输入 YT，按回车键；在弹出的【阳台】对话框中单击"任意绘制"按钮，并设置参数，如图 5-62 所示。

02　在绘图区中指定阳台的起点，如图 5-63 所示。

03　输入 1600 后按回车键，如图 5-64 所示。

04　输入 4540 后按回车键，如图 5-65 所示。

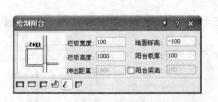

图 5-62　设置参数

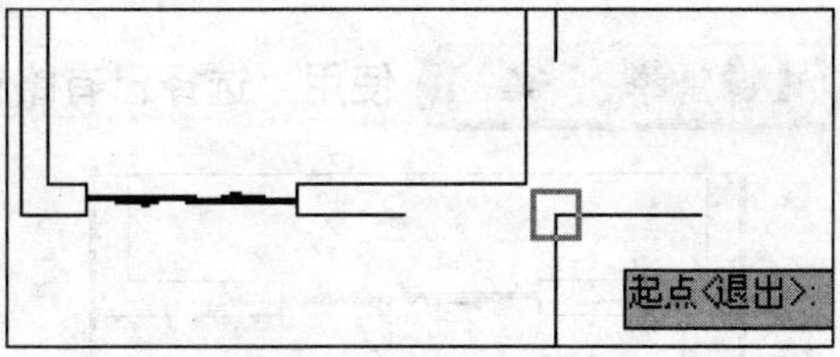

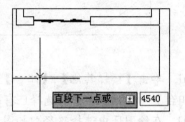

图 5-63　指定起点

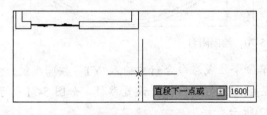

图 5-64　输入直段距离

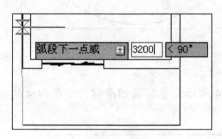

图 5-65　输入距离

05　输入 A，选择"弧段"选项，并输入弧段距离 3200；按回车键，结果如图 5-66 所示。

06　点取弧上一点，如图 5-67 所示。

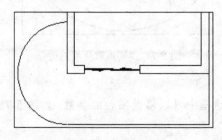

图 5-66　输入弧段距离

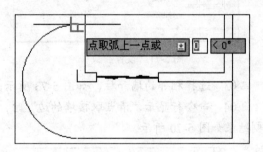

图 5-67　点取弧上一点

07　按回车键完成阳台轮廓线的绘制，如图 5-68 所示。

08　选择相邻的墙和柱，如图 5-69 所示，按回车键。

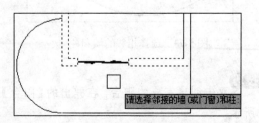

图 5-68　轮廓线

图 5-69　选择相邻的墙和柱

09　命令行显示"请点取接墙的边"时，直接按回车键，完成阳台的绘制，结果如图 5-61 所示。

（6）选择已有路径生成

"选择已有路径生成"功能可以根据指定的路径生成阳台。

【课堂举例 5-22】使用"选择已有路径生成"方法绘制如图 5-70 所示的阳台

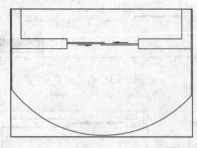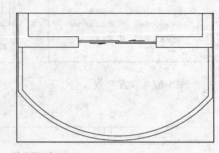

图 5-70　绘制阳台

01　单击【楼梯其他】|【阳台】菜单命令，或在命令行中输入 YT，按回车键；在弹出的【阳台】对话框中单击"选择已有路径生成"按钮 ，并设置参数，如图 5-71 所示。

02　在绘图区中选择路径，如图 5-72 所示。

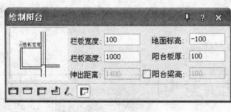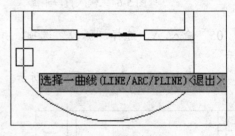

图 5-71　设置参数　　　　　　　　　　　　　　　图 5-72　选择路径

03　选择相邻的墙和柱，如图 5-73 所示，按回车键。

04　命令行显示"请点取接墙的边"时，如图 5-74 所示；直接按回车键，完成阳台的绘制结果如图 5-70 所示。

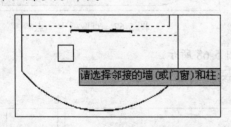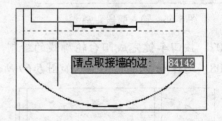

图 5-73　选择相邻的墙和柱　　　　　　　　　　　图 5-74　"请点取接墙的边"

技巧　双击创建完成的阳台，在弹出的【阳台】对话框中可以修改阳台的参数，如图 5-75 所示。

图 5-75　【阳台】对话框

5.2.2　台阶

台阶通常设置在室内外地坪存在高差的建筑物入口处。在天正建筑中，利用"台阶"命令可以设置预定样式的台阶，也可根据已有轮廓线生成台阶。以下介绍绘制各种台阶的步骤。

（1）矩形单面台阶

调用"台阶"命令的方法如下。

① 屏幕菜单：单击【楼梯其他】|【台阶】菜单命令。

② 命令行：在命令行中输入 TJ，按回车键即可调用"台阶"命令。

【课堂举例 5-23】 绘制如图 5-76 所示的矩形单面台阶

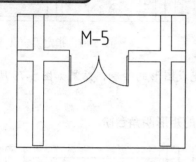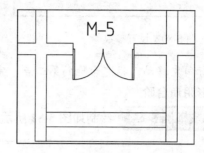

图 5-76　矩形单面台阶

01　单击【楼梯其他】|【台阶】菜单命令，或在命令行中输入 TJ，按回车键；在弹出的【台阶】对话框中单击"矩形单面台阶"按钮▤，并设置参数，如图 5-77 所示。

02　在绘图区中指定台阶的第一点，如图 5-78 所示。

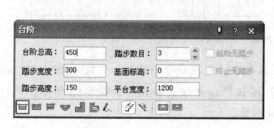

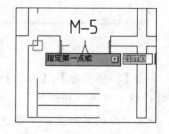

图 5-77　设置参数　　　　　　　图 5-78　指定台阶第一点

03　鼠标向右移动，指定台阶的第二点，完成图形的绘制，结果如图 5-76 所示。

（2）矩形三面台阶

【课堂举例 5-24】 绘制如图 5-79 所示的矩形三面台阶

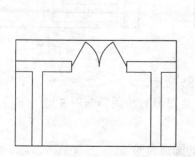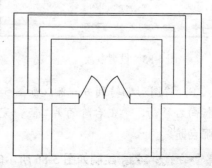

图 5-79　矩形三面台阶

01　单击【楼梯其他】|【台阶】菜单命令，或在命令行中输入 TJ，按回车键；在弹出的【台阶】对话框中单击"矩形三面台阶"按钮▤，并设置参数，如图 5-80 所示。

02　指定台阶的第一点，如图 5-81 所示。

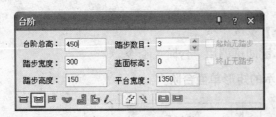

图 5-80　设置参数

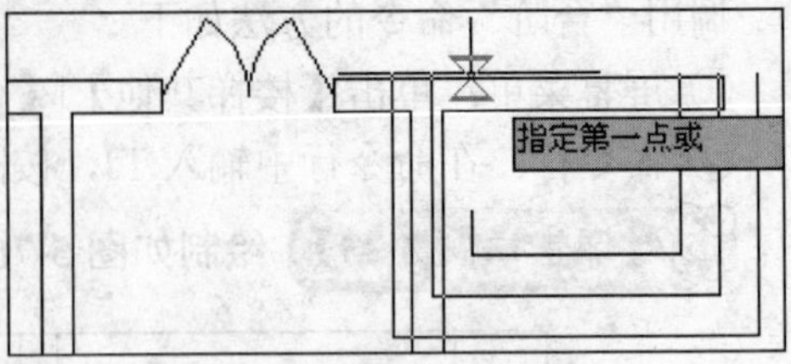

图 5-81　指定第一点

03　鼠标向左移动，指定台阶的第二点，完成图形的绘制，结果如图 5-79 所示。

（3）矩形阴角台阶

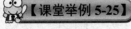【课堂举例 5-25】 绘制如图 5-82 所示的矩形阴角台阶

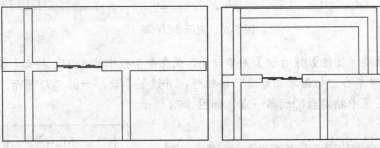

图 5-82　矩形阴角台阶

01　单击【楼梯其他】|【台阶】菜单命令，或在命令行中输入 TJ，按回车键；在弹出的【台阶】对话框中单击"矩形阴角台阶"按钮 ，并设置参数，如图 5-83 所示。

02　指定台阶的第一点，如图 5-84 所示。

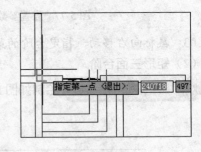

图 5-83　设置参数

图 5-84　指定第一点

03　输入 F，将图形翻转到另一侧，如图 5-85 所示。

04　鼠标向右移动，单击台阶的第二点，完成图形的绘制，如图 5-82 所示。

（4）圆弧台阶

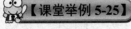【课堂举例 5-26】 绘制如图 5-86 所示的圆弧台阶

01　单击【楼梯其他】|【台阶】菜单命令，或在命令行中输入 TJ，按回车键；在弹出的【台阶】对话框中单击"圆弧台阶"按钮 ，并设置参数，如图 5-87 所示。

02　指定台阶的第一点，如图 5-88 所示。

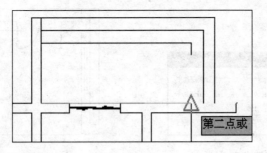

图 5-85　输入 F

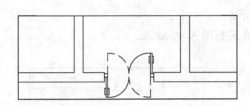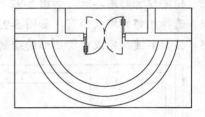

图 5-86　圆弧台阶

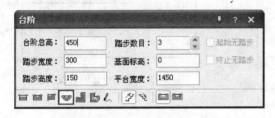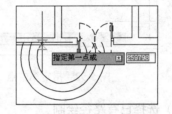

图 5-87　设置参数　　　　　　　　　　图 5-88　指定第一点

03　鼠标向右移动，单击台阶的第二点，完成圆弧台阶的绘制，如图 5-86 所示。

（5）沿墙偏移绘制

【课堂举例 5-27】 使用"沿墙偏移"方法绘制如图 5-89 所示的台阶

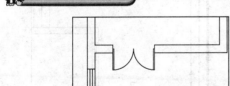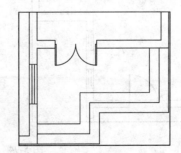

图 5-89　绘制台阶

01　单击【楼梯其他】|【台阶】菜单命令，或在命令行中输入 TJ，按回车键；在弹出的【台阶】对话框中单击"沿墙偏移绘制"按钮 ，并设置参数，如图 5-90 所示。

02　指定台阶的第一点，如图 5-91 所示。

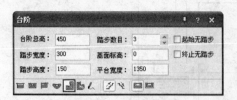

图 5-90　设置参数

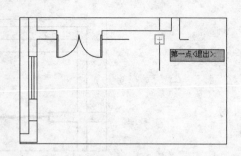

图 5-91　指定第一点

03　指定台阶的第二点，如图 5-92 所示。

04　选择相邻的墙或门窗，如图 5-93 所示。

05　按回车键，完成台阶图形的绘制，结果如图 5-89 所示。

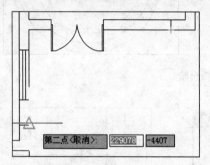

图 5-92　指定第二点

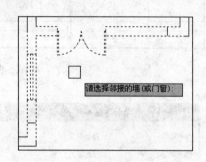

图 5-93　选择相邻的墙或门窗

（6）选择已有路径绘制

【课堂举例 5-28】 使用"选择已有路径绘制"的方法绘制如图 5-94 所示的台阶

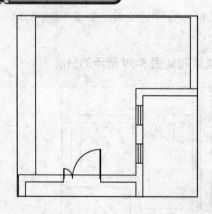

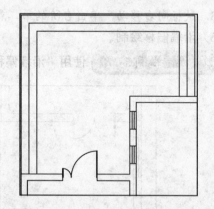

图 5-94　绘制台阶

01　单击【楼梯其他】|【台阶】菜单命令，或在命令行中输入 TJ，按回车键；在弹出的【台阶】对话框中单击"选择已有路径绘制"按钮，并设置参数，如图 5-95 所示。

02　选择平台轮廓，如图 5-96 所示。

03　选择相邻的墙或门窗，如图 5-97 所示，按回车键。

04　点取没有踏步的边，如图 5-98 所示。

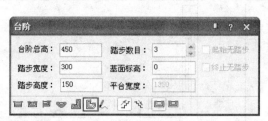

图 5-95　设置参数

图 5-96　选择平台轮廓

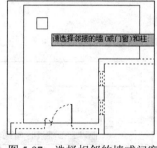

图 5-97　选择相邻的墙或门窗

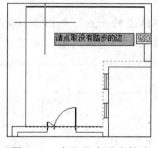

图 5-98　点取没有踏步的边

05　按回车键完成台阶图形的绘制，结果如图 5-94 所示。

（7）任意绘制

【课堂举例 5-29】 使用"任意绘制"的方法绘制如图 5-99 所示的台阶

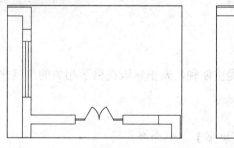
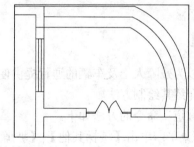

图 5-99　绘制台阶

01　单击【楼梯其他】|【台阶】菜单命令，或在命令行中输入 TJ，按回车键；在弹出的【台阶】对话框中单击"任意绘制"按钮，并设置参数，如图 5-100 所示。

02　指定平台轮廓线的起点，如图 5-101 所示。

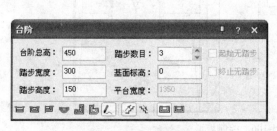

图 5-100　设置参数

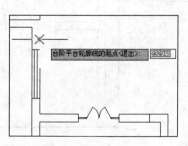

图 5-101　指定起点

03　输入直段的距离，如图 5-102 所示，按回车键。

04　输入 A，选择弧段选项，点取弧段的下一点，如图 5-103 所示。

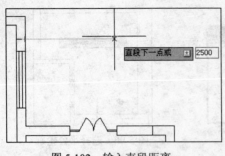

图 5-102　输入直段距离

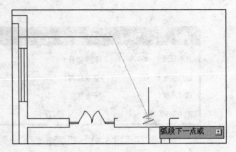

图 5-103　点取下一点

05 点取弧上的一点，如图 5-104 所示，按回车键。

06 选择相邻的墙或门窗，如图 5-105 所示，按回车键。

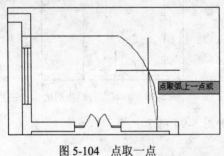

图 5-104　点取一点

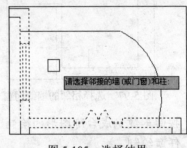

图 5-105　选择结果

07 在命令行提示"请点取没有踏步的边"时，按回车键，完成台阶图形的绘制，结果如图 5-99 所示。

5.2.3　坡道

坡道可以为残障人士及车辆的通行提供便利。天正建筑提供了相关的工具来绘制单跑坡道，下面来介绍其绘制方法。

调用"坡道"命令的方法如下。

① 屏幕菜单：单击【楼梯其他】|【坡道】菜单命令。

② 命令行：在命令行中输入 PD，按回车键即可调用"坡道"命令。

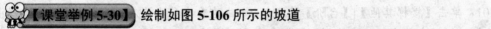【课堂举例 5-30】 绘制如图 **5-106** 所示的坡道

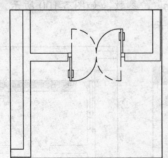
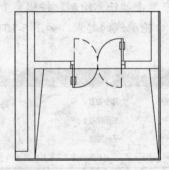

图 5-106　绘制坡道

01 单击【楼梯其他】|【坡道】菜单命令，或在命令行中输入 PD，按回车键；在弹出的【坡道】对话框中设置参数，如图 5-107 所示。

02　输入 T，点取坡道图形的左上角点为新的插入点，如图 5-108 所示。

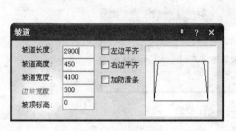

图 5-107　设置参数

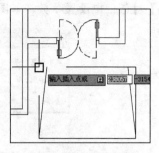

图 5-108　点取插入点

03　在绘图区中点取插入位置，完成坡道图形的绘制，结果如图 5-106 所示。

技巧　在【坡道】对话框中勾选相应的选项可绘制不同形式的坡道图形。如图 5-109 所示为勾选"左边平齐"、"右边平齐"选项后，坡道图形的绘制结果。如图 5-110 所示为勾选"加防滑条"选项后，坡道图形的绘制结果。

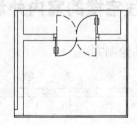

图 5-109　左右平齐

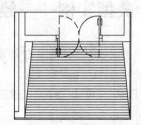

图 5-110　加防滑条

5.2.4　散水

散水指使用不透水的材料建在房屋外墙外侧的向外倾斜的保护带，坡度一般为 3%～5%，宽度一般为 0.6～1.0m。其作用是防止勒脚和下部墙体受潮，散水的种类包括砖铺、现浇细石混凝土及混凝土散水等几种。

调用"散水"命令的方法如下。

① 屏幕菜单：单击【楼梯其他】|【散水】菜单命令。

② 命令行：在命令行中输入 SS，按回车键即可调用"散水"命令。

【课堂举例 5-31】绘制如图 5-111 所示的散水

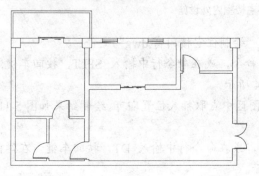
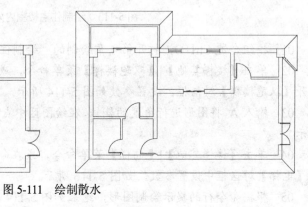

图 5-111　绘制散水

01 单击【楼梯其他】|【散水】菜单命令，或在命令行中输入 SS，按回车键；在弹出的【散水】对话框中设置参数，如图 5-112 所示。

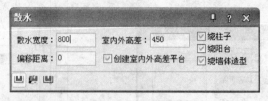

图 5-112 设置参数

02 框选构成一完整建筑物的所有墙体或门窗、阳台，按回车键即可完成散水的绘制，结果如图 5-111 所示。

技巧

在【散水】对话框中可以分别单击"任意绘制"按钮及"选择已有路径生成"按钮，设置相应的参数来绘制散水。

5.3 典型实例——绘制住宅楼的室内外设施

下面介绍图 5-113 所示的住宅楼室内外设施的绘制方法。

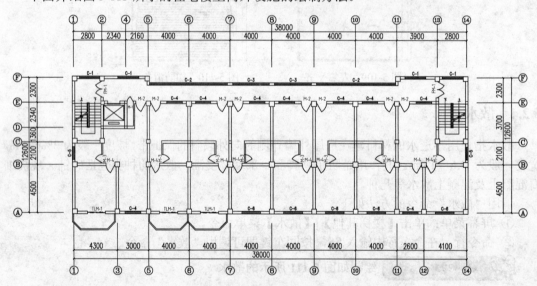

图 5-113 绘制住宅楼室内外设施

01 按组合键 Ctrl+O，打开第 4 章绘制的"绘制住宅楼门窗.dwg"文件。

02 单击【楼梯其他】|【双跑楼梯】菜单命令，或在命令行中输入 SPLT，按回车键；打开【双跑楼梯】对话框，设置参数如图 5-114 所示。

03 输入 A，将图形进行角度的翻转，在绘图区中点取插入位置即可，绘制结果如图 5-115 所示。

04 单击【楼梯其他】|【电梯】菜单命令，或在命令行中输入 DT，按回车键；在弹出的【电梯】对话框中设置参数，如图 5-116 所示。

05 根据命令行的提示绘制图形，结果如图 5-117 所示。

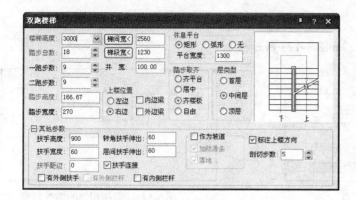

图 5-114　设置参数

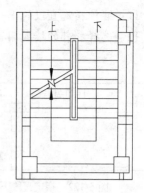

图 5-115　点取插入位置

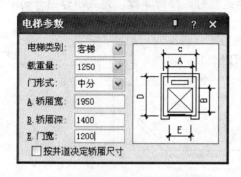

图 5-116　设置参数

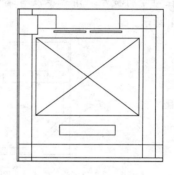

图 5-117　绘制电梯

06　单击【楼梯其他】|【阳台】菜单命令，或在命令行中输入 YT，按回车键；在弹出的【阳台】对话框中单击"任意绘制"按钮，并设置参数，如图 5-118 所示。

07　输入直段距离，如图 5-119 所示，按回车键。

图 5-118　设置参数

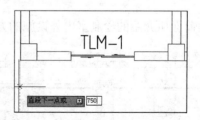

图 5-119　输入距离

08　打开极轴追踪功能，将增量角设置为 45°。

09　继续输入直段距离，如图 5-120 所示，按回车键。

10　鼠标向右移，指定直段的下一点，如图 5-121 所示。

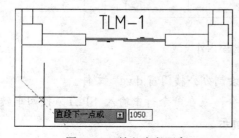

图 5-120　输入直段距离

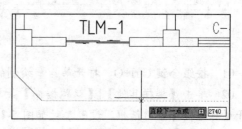

图 5-121　指定下一点

11   继续指定直段的下一点，如图 5-122 所示。

12   选择相邻的墙或门窗，如图 5-123 所示。

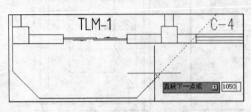

图 5-122   指定直段下一点

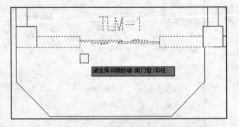

图 5-123   选择相邻的墙或门窗

13   在命令行提示"请点取没有踏步的边"时，按回车键，完成阳台图形的绘制，结果如图 5-124 所示。

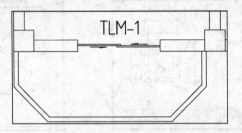

图 5-124   绘制结果

14   重复同样的步骤，绘制其他阳台图形，结果如图 5-113 所示。

5.4   典型实例——绘制办公楼室内外设施

使用前面所介绍的绘制室内外设施的方法，绘制如图 5-125 所示的办公楼室内外设施。

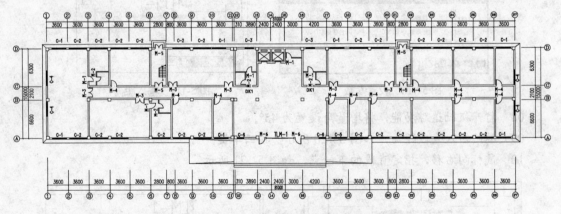

图 5-125   绘制办公楼室内外设施

01   按组合键 Ctrl+O，打开第 4 章绘制的"绘制办公楼门窗.dwg"文件。

02   单击【楼梯其他】|【双跑楼梯】菜单命令，或在命令行中输入 SPLT，按回车键；打开【双跑楼梯】对话框，设置参数如图 5-126 所示。

03   在绘图区中点取插入位置即可完成绘制，结果如图 5-127 所示。

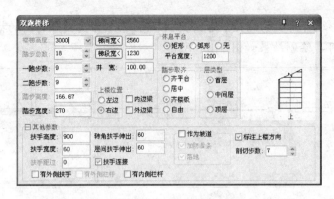

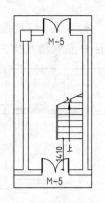

图 5-126 设置参数　　　　　　　　　　　　图 5-127 绘制结果

04 单击【楼梯其他】|【电梯】菜单命令，或在命令行中输入 DT，按回车键；在弹出的【电梯】对话框中设置参数，如图 5-128 所示。

05 根据命令行的提示绘制图形，结果如图 5-129 所示。

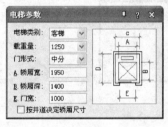

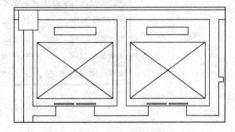

图 5-128 设置参数　　　　　　　　　　　图 5-129 绘制结果

06 单击【楼梯其他】|【台阶】菜单命令，或在命令行中输入 TJ，按回车键；在弹出的【台阶】对话框中单击"矩形三面台阶"按钮回，并设置参数，如图 5-130 所示。

07 分别指定台阶的第一点和第二点，绘制结果如图 5-131 所示。

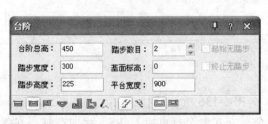

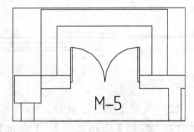

图 5-130 设置参数　　　　　　　　　　　图 5-131 绘制结果

08 单击【楼梯其他】|【坡道】菜单命令，或在命令行中输入 PD，按回车键；在弹出的【坡道】对话框中设置参数，如图 5-132 所示。

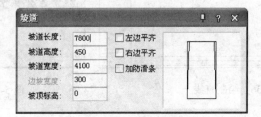

图 5-132 设置参数

09   输入 A，将坡道图形进行角度的翻转；输入 T，指定图形的右上角点为新的插入点；在绘图区中点取插入位置即可，绘制结果如图 5-133 所示。

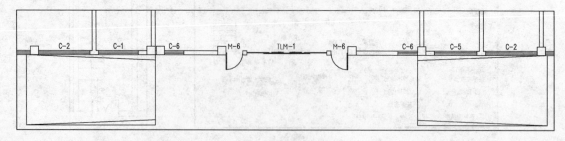

图 5-133   绘制结果

10   单击【楼梯其他】|【台阶】菜单命令，或在命令行中输入 TJ，按回车键；在弹出的【台阶】对话框中单击"矩形单面台阶"按钮，并设置参数，如图 5-134 所示。

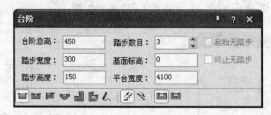

图 5-134   设置参数

11   分别指定台阶的第一点和第二点，完成台阶的绘制，结果如图 5-135 所示。

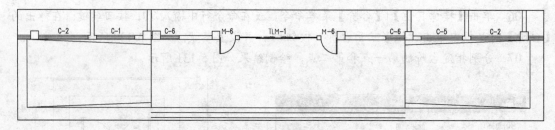

图 5-135   绘制台阶

12   调用 LINE/L 命令，绘制闭合直线，如图 5-136 所示。

13   单击【楼梯其他】|【散水】菜单命令，或在命令行中输入 SS，按回车键；在弹出的【散水】对话框中设置参数，如图 5-137 所示。

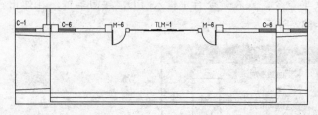

图 5-136   绘制直线

图 5-137   设置参数

14   框选构成一完整建筑物的所有墙体或门窗、阳台，按回车键即可完成散水的绘制，结果如图 5-125 所示。

5.5　本章小结

本章主要介绍了室内外设施的种类及绘制方法，室内设施包括各种楼梯的绘制方法和扶手的添加，电梯和自动扶梯的绘制；室外设施主要包括阳台、台阶、坡道及散水图形。阳台和台阶有多种绘制方法，读者应加强练习才能灵活运用。

典型实例对本章所学的内容进行了巩固练习，希望读者能更好地掌握室内外设施的绘制方法。

5.6　思考与练习

一、填空题

1. 单跑楼梯指_____。

2. 绘制阳台的方法有_____、_____、_____。

3. 在【台阶】对话框中，可以绘制的台阶样式包括_____、_____、_____、_____。

4. 绘制散水的方法有_____、_____、_____。

二、问答题

1. 什么是双跑楼梯？调用"双跑楼梯"命令有哪几种方法。

2. 调用"阳台"命令有哪几种方法？可以绘制哪几种形式的阳台？

三、操作题

1. 绘制如图 5-138 所示的平面图及其室内外设施。

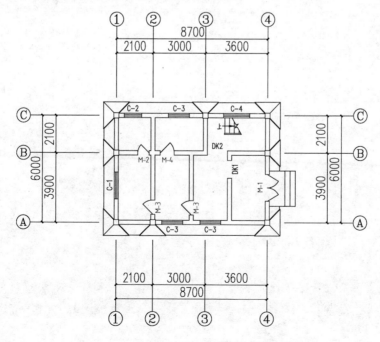

图 5-138　绘制平面图及其室内外设施

2．收集各房地产公司的房屋建筑图宣传资料，试制作相应的楼梯及室内外设施。对收集到的建筑图进行研究、分析和对比，提出自己的看法，改变其楼梯及室内外设施的设计。

3．参加有关专题讲座，相互交流有关建筑资料，开展讨论并充分发表个人意见。

提示

楼梯的踏步总数为 12 步，梯间宽为 1860，梯段宽为 930，平台宽度为 1000。

散水的宽度为 600，室内外高差为 450。

台阶为矩形单面台阶，总高为 450，踏步数目为 3，平台宽度为 900。

第6章 房间和屋顶

本章主要介绍建筑平面图各种设施的布置、房间面积的查询、房间的布置以及屋顶的创建，从而创建出完整的建筑施工图。

6.1 房间查询

建筑平面图中各封闭区域面积的计算和标注是建筑设计中的主要内容，本节介绍使用天正建筑软件进行房间查询的方法。

6.1.1 搜索房间

"搜索房间"命令可批量创建或更新房间名称和编号，并将室内使用面积标注于房间中心，同步生成室内地面。

（1）创建房间对象

调用"搜索房间"命令的方法如下。

① 屏幕菜单：单击【房间屋顶】|【搜索房间】菜单命令。

② 命令行：在命令行中输入 SSFJ，按回车键即可调用"搜索房间"命令。

【课堂举例6-1】 创建如图 6-1 所示的房间对象

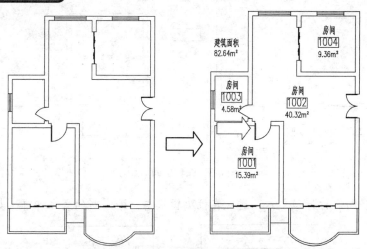

图 6-1　创建房间对象

01　单击【房间屋顶】|【搜索房间】菜单命令，或在命令行中输入 SSFJ，按回车键；打开【搜索房间】对话框，设置参数如图 6-2 所示。

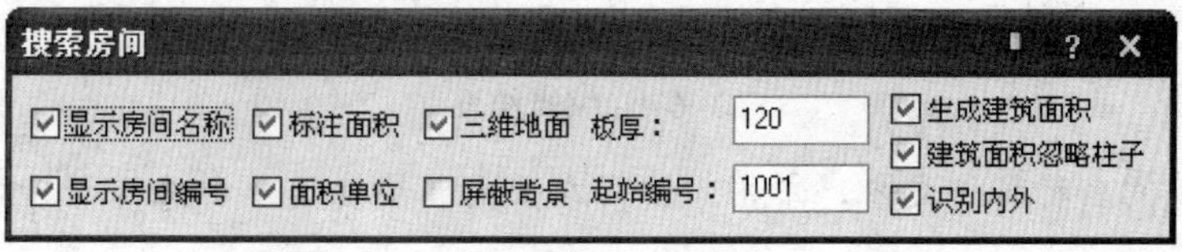

图 6-2　设置参数

02   在绘图区中框选构成一完整建筑物的所有墙体或门窗，按回车键，结果如图 6-1 所示。

提示

显示房间名称/编号为建筑平面图标注房间名称/编号。标注面积为显示房间的使用面积。面积单位为是否标注面积单位，默认单位为 m^2。三维地面为同步沿房间对象边界生成三维地面。屏蔽背景为取消勾选该复选框，系统利用 Wipeout 的功能将房间标注下方的图案屏蔽。板厚为三维地面的厚度。生成建筑面积为搜索房间面积的同时生成建筑面积。建筑面积忽略柱子为建筑面积忽略凸出墙面的柱子和墙垛。识别内外为识别内外墙功能，主要用于建筑节能。

（2）编辑房间对象

显示房间名称的文字对象，还需要根据实际情况编辑修改房间的标识文本，下面介绍在天正建筑软件中编辑房间对象的方法。

【课堂举例 6-2】 编辑如图 6-3 所示的房间对象

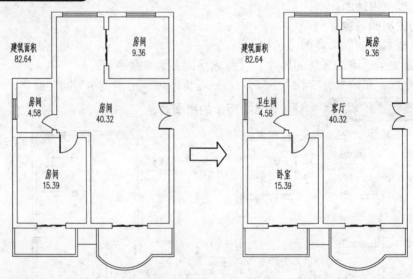

图 6-3　编辑房间对象

01   双击房间名称标识文本，进入在位编辑状态，输入新的文本即可，如图 6-4 所示。

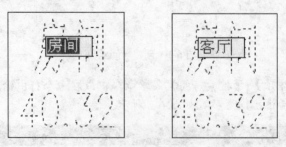

图 6-4　编辑结果

02   选择房间名称标识文本，单击右键，在弹出的快捷菜单中选择"对象编辑"选项，如图 6-5 所示。

03   在弹出的【编辑房间】对话框中可以修改房间的名称、填充图案参数等，如图 6-6 所示；修改完成后，单击"确定"按钮，即可关闭对话框。

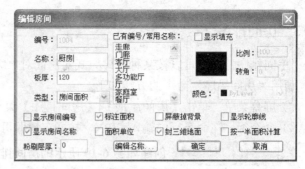

图 6-5　"对象编辑"选项　　　　　　　图 6-6　【编辑房间】对话框

6.1.2　房间轮廓

"房间轮廓"命令可以生成闭合的房间轮廓线，轮廓线可以将其转换为地面或者用来生成踢脚线等装饰线脚的边界。

调用"房间轮廓"命令的方法如下。

① 屏幕菜单：单击【房间屋顶】|【房间轮廓】菜单命令。

② 命令行：在命令行中输入 FJLK，按回车键即可调用"房间轮廓"命令。

【课堂举例 6-3】 创建如图 6-7 所示的房间轮廓

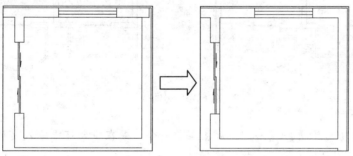

图 6-7　创建房间轮廓

01　单击【房间屋顶】|【房间轮廓】菜单命令，或在命令行中输入 FJLK，按回车键；在指定的房间内单击，如图 6-8 所示。

02　系统提示"是否生成封闭的多段线"时，选择"是"选项，如图 6-9 所示；轮廓线的创建结果如图 6-7 所示。

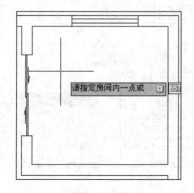

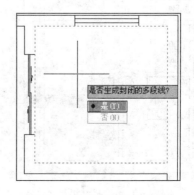

图 6-8　在指定的房间内单出　　　　　图 6-9　选择"是"选项

6.1.3 房间排序

"房间排序"命令可以按某种排序方式对房间对象编号进行重新排序。

调用"房间排序"命令的方法如下。

① 屏幕菜单：单击【房间屋顶】|【房间排序】菜单命令。

② 命令行：在命令行中输入 FJPX，按回车键即可调用"房间排序"命令。

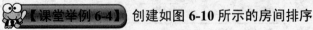【课堂举例 6-4】 创建如图 6-10 所示的房间排序

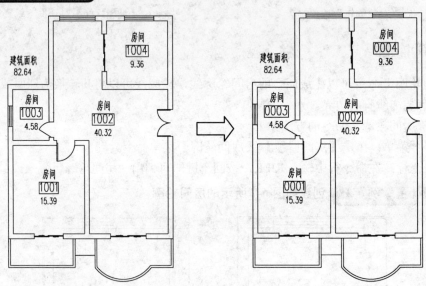

图 6-10　房间排序

01　单击【房间屋顶】|【房间排序】菜单命令，或在命令行中输入 FJPX，按回车键；选择房间对象，如图 6-11 所示，按回车键。

02　在命令行提示"指定 UCS 原点<使用当前坐标系>"时，按回车键；输入起始编号 0001，如图 6-12 所示；按回车键，完成房间排序如图 6-10 所示。

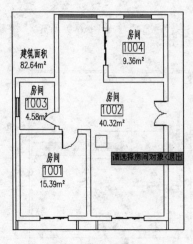

图 6-11　选择结果

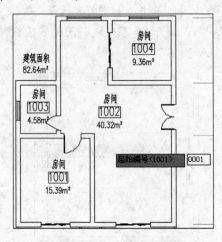

图 6-12　输入编号

6.1.4　查询面积

"查询面积"命令可以查询并标注由天正墙体组成的房间面积、阳台面积及由闭合多段线围成的闭合区域面积。

（1）房间面积查询

使用此工具可以查询选定的房间的面积并在指定位置标注。

调用"查询面积"命令的方法如下。

① 屏幕菜单：单击【房间屋顶】|【查询面积】菜单命令。

② 命令行：在命令行中输入 CXMJ，按回车键即可调用"查询面积"命令。

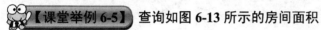【课堂举例6-5】 查询如图 6-13 所示的房间面积

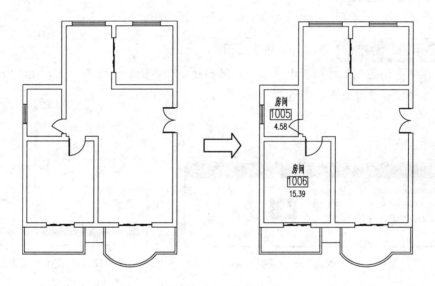

图 6-13　房间面积查询

01　单击【房间屋顶】|【查询面积】菜单命令，或在命令行中输入 CXMJ，按回车键；在弹出的【查询面积】对话框中单击"房间面积查询"按钮 ，如图 6-14 所示。

图 6-14　【查询面积】对话框

02　框选需要查询面积的范围，如图 6-15 所示，按回车键。

03　在屏幕上点取文字对象的标注位置，如图 6-16 所示；完成房间面积查询的操作，结果如图 6-13 所示。

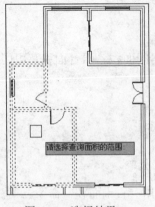

图 6-15　选择结果

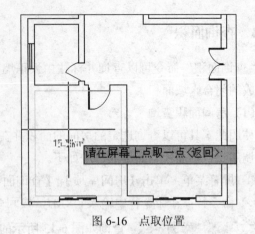

图 6-16　点取位置

（2）封闭曲线面积查询

使用此工具可查询任意封闭曲线内的面积且进行面积标注。

【课堂举例 6-6】 查询封闭曲线面积

01　在【查询面积】对话框中单击"封闭曲线面积查询"按钮，如图 6-17 所示。

02　选择闭合多段线，如图 6-18 所示。

图 6-17　【查询面积】对话框

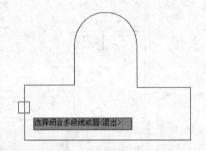

图 6-18　选择闭合多段线

03　点取面积标注位置，如图 6-19 所示，完成封闭曲线面积查询的操作。

（3）阳台面积查询

使用此工具可查询阳台的面积且进行面积标注。

【课堂举例 6-7】 查询阳台面积

01　在【查询面积】对话框中单击"阳台面积查询"按钮，如图 6-20 所示。

图 6-19　查询结果

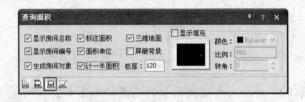

图 6-20　【查询面积】对话框

02　选择阳台，如图 6-21 所示。

03　点取面积标注位置，如图 6-22 所示。

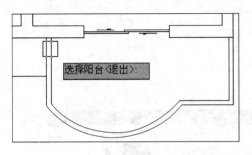

图 6-21　选择结果

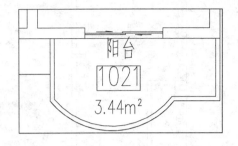

图 6-22　点取面积标注位置

（4）任意多边形面积查询

使用此工具可查询任意多边形的面积且进行面积标注。

【课堂举例 6-8】　查询任意多边形面积

01　在【查询面积】对话框中单击"任意多边形面积查询"按钮，如图 6-23 所示。

02　点取多边形起点，如图 6-24 所示。

图 6-23　【查询面积】对话框

图 6-24　点取多边形起点

03　分别单击多边形的各个点，指定面积标注的位置，结果如图 6-25 所示。

6.1.5　套内面积

"套内面积"命令可根据用户需要计算单套住房的套内面积。

调用"套内面积"命令的方法如下。

① 屏幕菜单：单击【房间屋顶】|【套内面积】菜单命令。

② 命令行：在命令行中输入 TNMJ，按回车键即可调用"套内面积"命令。

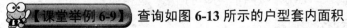【课堂举例 6-9】　查询如图 6-13 所示的户型套内面积

01　单击【房间屋顶】|【套内面积】菜单命令，或在命令行中输入 TNMJ，按回车键；在弹出的【套内面积】对话框中设置参数，如图 6-26 所示。

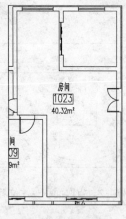

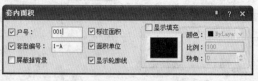

图 6-25   查询结果   图 6-26 【套内面积】对话框

02   选择同属一套住宅的所有房间面积对象与阳台面积对象,如图 6-27 所示,按回车键。

03   点取面积标注位置,结果如图 6-28 所示。

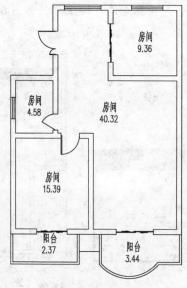

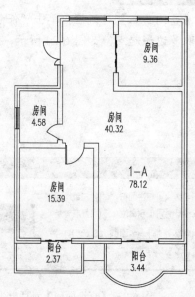

图 6-27   选择所有房间   图 6-28   查询套内面积结果

注意   套内面积所计算得到的面积不包括阳台的面积。

6.1.6   公摊面积

"公摊面积"命令可以创建按本层或全楼来进行公摊的房间面积对象。

调用"公摊面积"命令的方法如下。

① 屏幕菜单:单击【房间屋顶】|【公摊面积】菜单命令。

② 命令行:在命令行中输入 GTMJ,按回车键即可调用"公摊面积"命令。

【课堂举例6-10】   查询公摊面积

01   单击【房间屋顶】|【公摊面积】菜单命令,或在命令行中输入 GTMJ,按回车键;选择房间面积对象,如图 6-29 所示。

02　按下回车键，系统会将选中的房间面积对象归入 SPACE_SHARE 图层，以备面积统计时使用，如图 6-30 所示。

图 6-29　选择结果

图 6-30　指定结果

6.1.7　面积计算

"面积计算"命令用于统计房间的使用面积、阳台面积及建筑面积，多用于不能直接测量到所需面积的情况，选取面积对象或者标注文字即可计算面积。

调用"面积计算"命令的方法如下。

① 屏幕菜单：单击【房间屋顶】|【面积计算】菜单命令。

② 命令行：在命令行中输入 MJJS，按回车键即可调用"面积计算"命令。

【课堂举例 6-11】计算各房间使用面积

01　单击【房间屋顶】|【面积计算】菜单命令，或在命令行中输入 MJJS，按回车键；选择求和的房间面积对象或面积数值文字，如图 6-31 所示。

02　点取面积标注位置，完成面积计算的结果如图 6-32 所示。

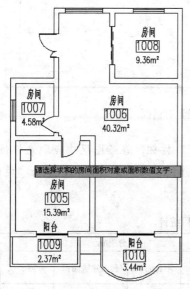

图 6-31　选择结果

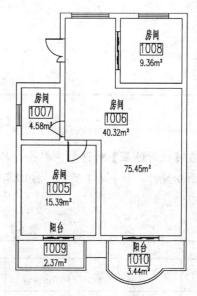

图 6-32　计算结果

6.1.8 面积统计

"面积统计"命令可统计住宅的各项面积指标，为管理部门进行设计审批提供参考依据。调用"面积统计"命令的方法如下。

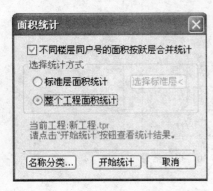

图 6-33 【面积统计】对话框

① 屏幕菜单：单击【房间屋顶】|【面积统计】菜单命令。

② 命令行：在命令行中输入 MJTJ，按回车键即可调用"面积统计"命令。

【课堂举例 6-12】 统计面积

01 单击【房间屋顶】|【面积统计】菜单命令，或在命令行中输入 MJTJ，按回车键；在弹出的【面积统计】对话框中单击"开始统计"按钮，如图 6-33 所示。

02 在随后弹出的【统计结果】对话框中显示了各层建筑面积的统计结果，如图 6-34 所示。

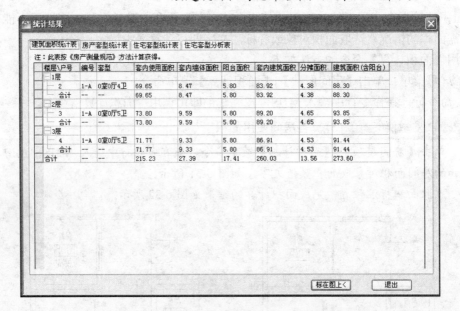

图 6-34 【统计结果】对话框

03 在【统计结果】对话框中单击"标在图上"按钮，在绘图区中点取表格位置，即可创建建筑面积统计，如表 6-1 所列；按回车键返回【统计结果】对话框，单击"退出"按钮，关闭对话框。

表 6-1 建筑面积统计

| 楼层 | 分户 | | | 面积分类/m² | | | | | |
	户号	编号	套型	套内使用面积	套内墙体面积	阳台面积	套内建筑面积	分摊面积	建筑面积(含阳台)
1层	2	1-A	1室1厅1卫	69.65	8.47	5.80	83.92	4.38	88.30
	合计	—	—	69.65	8.47	5.80	83.92	4.38	88.30

续表

楼层	分户			面积分类/m²					
	户号	编号	套型	套内使用面积	套内墙体面积	阳台面积	套内建筑面积	分摊面积	建筑面积(含阳台)
2层	3	1-A	1室1厅1卫	73.80	9.59	5.80	89.20	4.65	93.85
	合计	—	—	73.80	9.59	5.80	89.20	4.65	93.85
3层	4	1-A	1室1厅1卫	71.77	9.33	5.80	86.91	4.53	91.44
	合计	—	—	71.77	9.33	5.80	86.91	4.53	91.44
合计	—	—	—	215.22	27.39	17.40	260.03	13.56	273.59

注意 在进行面积统计之前，必须新建工程创建楼层表，否则不能进行面积统计。

6.2 房 间 布 置

下面介绍天正建筑为房间布置提供的多种工具的使用方法，例如加踢脚线、奇数分格、偶数分格等。

6.2.1 加踢脚线

"加踢脚线"命令可以自动搜索房间的轮廓，按照用户自定义的踢脚线截面生成二维和三维一体的踢脚线，遇门洞会自动断开。

调用"加踢脚线"命令的方法如下。

① 屏幕菜单：单击【房间屋顶】|【房间布置】|【加踢脚线】菜单命令。

② 命令行：在命令行中输入 JTJX，按回车键即可调用"加踢脚线"命令。

【课堂举例 6-13】 为如图 6-35 所示的房间添加踢脚线

01 单击【房间屋顶】|【房间布置】|【加踢脚线】菜单命令，或在命令行中输入 JTJX，按回车键；在弹出的【踢脚线生成】对话框中单击"截面选择"选项组中的按钮 ……，如图 6-36 所示。

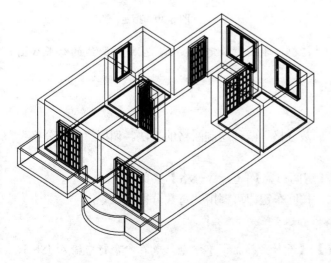

图 6-35 添加踢脚线

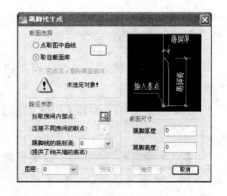

图 6-36 【踢脚线生成】对话框

02   在弹出的【天正图库管理系统】对话框中选择踢脚线的截面形状，如图 6-37 所示。

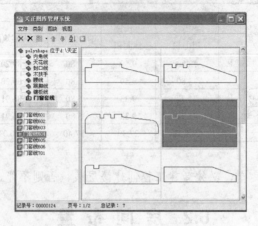

图 6-37 【天正图库管理系统】对话框

03   双击截面图标，返回【踢脚线生成】对话框，在"截面选择"区中显示"选择成功"，如图 6-38 所示；单击"拾取房间内一点"按钮，在需要添加踢脚线的房间内单击，如图 6-39 所示。

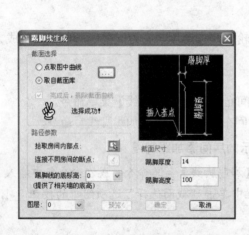

图 6-38 选择成功

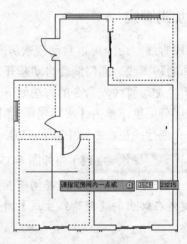

图 6-39 指定一点

04   按回车键返回【踢脚线生成】对话框，单击"确定"按钮，生成踢脚线的结果如图 6-35 所示。

6.2.2 奇数分格

天正建筑提供了"奇数分格"和"偶数分格"两种绘制网格的方法。调用"奇数分格"命令的方法如下。

① 屏幕菜单：单击【房间屋顶】|【房间布置】|【奇数分格】菜单命令。

② 命令行：在命令行中输入 JSFG，按回车键即可调用"奇数分格"命令。

【课堂举例6-14】 绘制奇数分格网格

01   单击【房间屋顶】|【房间布置】|【奇数分格】菜单命令，或在命令行中输入 JSFG，按回车键；在绘图区中分别单击 A 点、B 点、C 点，确定房间地面的轮廓线，如图 6-40 所示。

02　分别输入第一、二点方向上的分格宽度及第二、三点方向上的分格宽度为 400，按
回车键；完成奇数分格的操作，结果如图 6-41 所示。

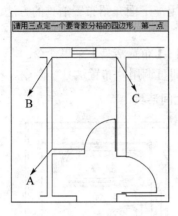

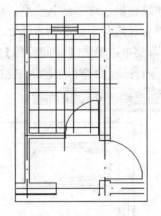

图 6-40　确定轮廓线　　　　　　　　　　图 6-41　奇数分格

技巧　假如输入的分格宽度值小于 100，系统会自动将该数值默认为分格数，用该方式
绘制的网格无三维信息。

6.2.3　偶数分格

调用"偶数分格"命令的方法如下。

① 屏幕菜单：单击【房间屋顶】|【房间布置】|【偶数分格】菜单命令。

② 命令行：在命令行中输入 OSFG，按回车键即可调用"偶数分格"命令。

【课堂举例 6-15】 绘制偶数分格网格

01　单击【房间屋顶】|【房间布置】|【偶数分格】菜单命令，或在命令行中输入 OSFG，
按回车键；在绘图区中分别单击 A 点、B 点、C 点，确定房间地面的轮廓线，如图 6-42 所示。

02　分别输入第一、二点方向上的分格宽度及第二、三点方向上的分格宽度为 280，按
回车键；完成偶数分格的操作，结果如图 6-43 所示。

提示　偶数分格与奇数风格的区别为，所绘制的网格为偶数，并且没有中轴线。

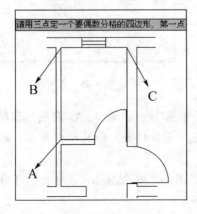

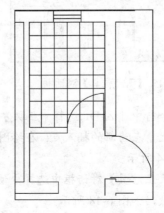

图 6-42　确定轮廓线　　　　　　　　　　图 6-43　偶数分格

6.2.4　布置洁具

天正建筑提供了许多洁具模型，供用户选择调用，下面介绍布置洁具的方法。

调用"布置洁具"命令的方法如下。

① 屏幕菜单：单击【房间屋顶】|【房间布置】|【布置洁具】菜单命令。

② 命令行：在命令行中输入 BZJJ，按回车键即可调用"布置洁具"命令。

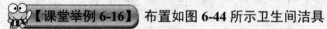 【课堂举例 6-16】 布置如图 6-44 所示卫生间洁具

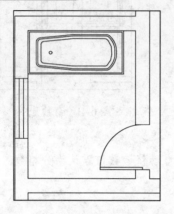 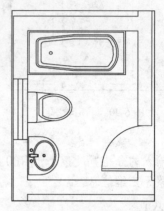

图 6-44　布置洁具

01　单击【房间屋顶】|【房间布置】|【布置洁具】菜单命令，或在命令行中输入 BZJJ，按回车键；在弹出的【天正洁具】对话框中选择浴缸图标，如图 6-45 所示。

02　双击图标，在弹出的【布置浴缸】对话框中设置参数，如图 6-46 所示。

图 6-45　【天正洁具】对话框

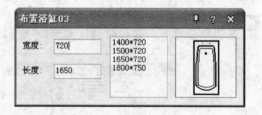

图 6-46　设置参数

03　在命令行中输入 D，选择"点取方式布置"选项；输入 A，将图形翻转 90°；输入 T，点取浴缸的左上角点为新的插入点；在绘图区中点取位置，如图 6-47 所示；完成浴缸图形的绘制，如图 6-44 所示。

04　在【天正洁具】对话框中选择坐便器图标，双击图标，在弹出的【布置坐便器】对话框中设置参数，如图 6-48 所示。

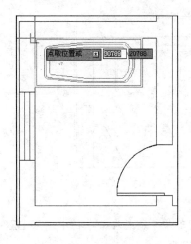

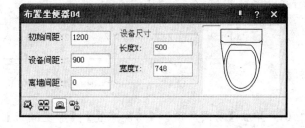

图 6-47　点取位置　　　　　　　　　　　　　图 6-48　设置参数

05　在绘图区中点取沿墙边线，指定洁具的插入基点，完成坐便器图形的绘制，结果如图 6-49 所示。

06　在【天正洁具】对话框中选择洗脸盆图标，双击图标，在弹出的【布置洗脸盆】对话框中设置参数，如图 6-50 所示。

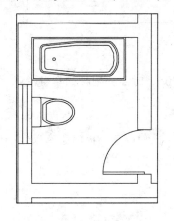

图 6-49　布置坐便器　　　　　　　　　　　图 6-50　设置参数

07　在绘图区中点取沿墙边线，指定洁具的插入基点，完成洗脸盆图形的绘制，结果如图 6-44 所示。

6.2.5　布置隔断

天正建筑提供了"布置隔断"和"布置隔板"两个工具，以对卫生间进一步分割和完善。调用"布置隔断"命令的方法如下。

① 屏幕菜单：单击【房间屋顶】|【房间布置】|【布置隔断】菜单命令。

② 命令行：在命令行中输入 BZGD，按回车键即可调用"布置隔断"命令。

【课堂举例6-17】　布置如图 6-51 所示的卫生间隔断

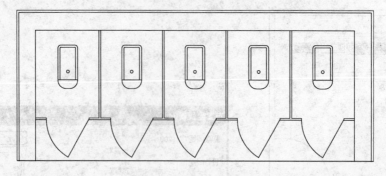

图 6-51　布置隔断

01　单击【房间屋顶】|【房间布置】|【布置隔断】菜单命令，或在命令行中输入 BZGD，按回车键；在命令行中指定一直线来选择洁具，如图 6-52 所示。

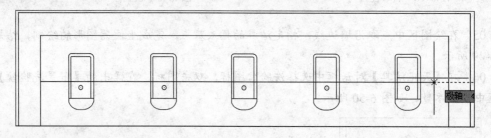

图 6-52　选择洁具

02　在命令行提示"隔板长度<1200>"、"隔断门宽<600>"时，分别按回车键确认，完成隔断的布置结果如图 6-51 所示。

技巧　可以使用天正建筑的相关命令对隔板及门进行编辑，比如改变隔板的距离以改变隔断内的面积；利用门的夹点或"内外翻转"命令修改门的开启方向。

6.2.6　布置隔板

调用"布置隔板"命令的方法如下。

① 屏幕菜单：单击【房间屋顶】|【房间布置】|【布置隔板】菜单命令。

② 命令行：在命令行中输入 BZGB，按回车键即可调用"布置隔板"命令。

【课堂举例6-18】 布置如图 6-53 所示的卫生间隔板

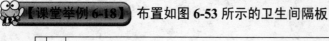

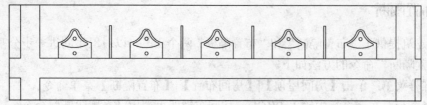

图 6-53　布置隔板

01　单击【房间屋顶】|【房间布置】|【布置隔板】菜单命令，或在命令行中输入 BZGB，按回车键；在命令行中指定一直线来选择洁具，如图 6-54 所示。

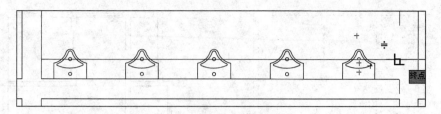

图 6-54　选择洁具

02　在命令行提示 "隔板长度<400>" 时，按回车键确认；完成隔板的布置，结果如图 6-53 所示。

6.3　创 建 屋 顶

屋顶是房屋最上部的外围护构件。天正建筑提供了多种屋顶造型功能，如任意屋顶、人字坡顶、攒尖屋顶和矩形屋顶四种，本节介绍各种屋顶的创建方法及老虎窗、雨水管的添加方法。

6.3.1　搜屋顶线

"搜屋顶线" 命令可以在外墙外皮的基础上生成屋顶线。

调用 "搜屋顶线" 命令的方法如下。

① 屏幕菜单：单击【房间屋顶】|【搜屋顶线】菜单命令。

② 命令行：在命令行中输入 SWDX，按回车键即可调用 "搜屋顶线" 命令。

【课堂举例 6-19】 创建如图 6-55 所示的屋顶线

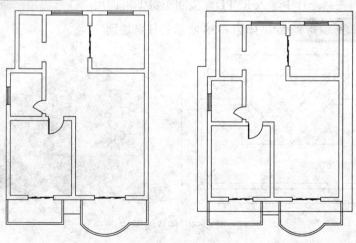

图 6-55　搜屋顶线

01　单击【房间屋顶】|【搜屋顶线】菜单命令，或在命令行中输入 SWDX，按回车键；框选构成完整建筑物的所有墙体和门窗，如图 6-56 所示，按回车键。

02　指定偏移外皮的距离为 600，按回车键；完成绘制搜屋顶线的操作，结果如图 6-57 所示。

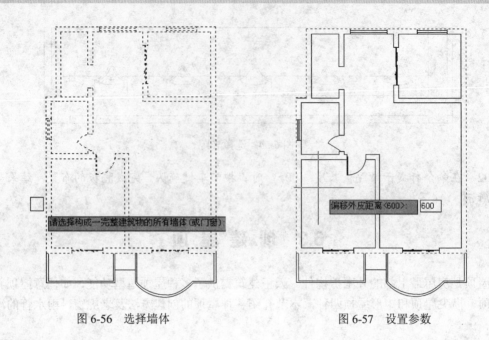

图 6-56　选择墙体　　　　　　　　图 6-57　设置参数

提示　生成搜屋顶线后，绘图区中的虚线可以执行【视图】|【重生成】命令进行消除。

6.3.2　任意坡顶

"任意坡顶"命令可利用搜屋顶线或者闭合多段线，生成任意形状及坡度角的坡形屋顶。
调用"任意坡顶"命令的方法如下。

① 屏幕菜单：单击【房间屋顶】|【任意坡顶】菜单命令。

② 命令行：在命令行中输入 RYPD，按回车键即可调用"任意坡顶"命令。

【课堂举例 6-20】 绘制如图 **6-58** 所示的任意坡顶

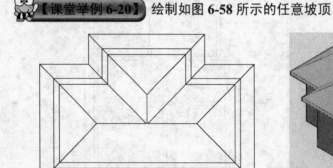
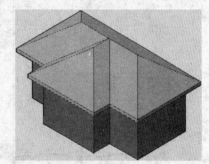

图 6-58　任意坡顶

01　单击【房间屋顶】|【任意坡顶】菜单命令，或在命令行中输入 RYPD，按回车键；
选择一段封闭的多段线，并输入坡度角，如图 6-59 所示。

02　指定出檐长，如图 6-60 所示；按回车键，完成任意坡顶的绘制如图 6-58 所示。

注意　在创建任意坡顶前，要事先绘制搜屋顶线或者一段闭合的多段线，否则不能生成
任意坡顶。

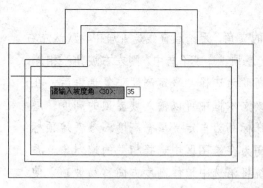

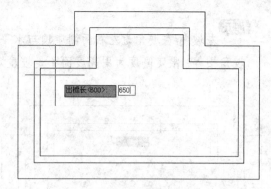

图 6-59　输入坡度角　　　　　　　　　　图 6-60　指定出檐长

6.3.3　人字坡顶

"人字坡顶"命令可以在屋顶边界线的基础上生成人字坡屋顶或单坡屋顶。

调用"人字坡顶"命令的方法如下。

① 屏幕菜单：单击【房间屋顶】|【人字坡顶】菜单命令。

② 命令行：在命令行中输入 RZPD，按回车键即可调用"人字坡顶"命令。

【课堂举例 6-21】 创建如图 6-61 所示的人字坡顶

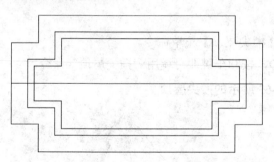

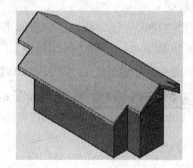

图 6-61　人字坡顶

01　单击【房间屋顶】|【人字坡顶】菜单命令，或在命令行中输入 RZPD，按回车键；选择一段封闭的多段线，指定屋脊线的起点和终点，如图 6-62 所示。

02　在弹出的【人字坡顶】对话框中设置左坡角和右坡角，单击"参考墙顶标高"按钮，如图 6-63 所示。

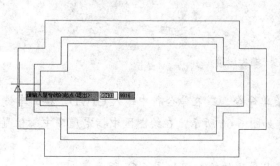

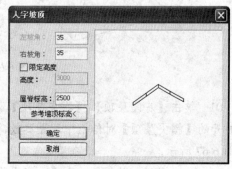

图 6-62　指定屋脊线的起点和终点　　　　　图 6-63　【人字坡顶】对话框

提示　左坡角/右坡角为左右两侧屋顶与水平线的夹角，无论屋脊线是否居中，默认左右坡角相等。限定高度为用高度而不是坡度定义屋顶，脊线不居中，则左右坡角不相等。

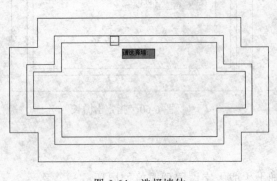

图 6-64　选择墙体

高度为选择"限定高度"复选框后，在该文本框中可以输入坡屋顶的高度。屋脊标高为自定义屋脊高度。参考墙顶标高为在绘图区中选择相关的墙对象，系统将沿选中墙体高度方向移动坡顶，使屋顶与墙顶关联。

03　在绘图区中选择墙体，如图 6-64 所示；返回【人字坡顶】对话框，单击"确定"按钮关闭对话框，完成人字坡顶的创建，如图 6-61 所示。

6.3.4　攒尖屋顶

"攒尖屋顶"命令可生成古建中常见的攒尖屋顶，该屋顶的创建不需依靠屋顶线或者封闭的多段线。

调用"攒尖屋顶"命令的方法如下。

① 屏幕菜单：单击【房间屋顶】|【攒尖屋顶】菜单命令。

② 命令行：在命令行中输入 CJWD，按回车键即可调用"攒尖屋顶"命令。

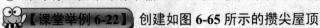【课堂举例 6-22】　创建如图 6-65 所示的攒尖屋顶

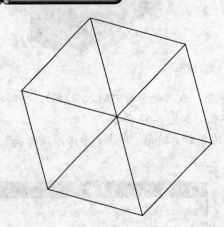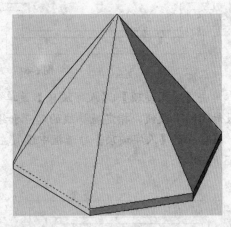

图 6-65　攒尖屋顶

01　单击【房间屋顶】|【攒尖屋顶】菜单命令，或在命令行中输入 CJWD，按回车键；在打开的【攒尖屋顶】对话框中设置参数，如图 6-66 所示；在绘图区中指定屋顶中心位置，如图 6-67 所示。

02　拖动鼠标以获得第二个点，完成攒尖屋顶的绘制，如图 6-65 所示。

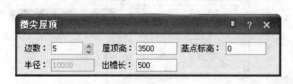

图 6-66　设置参数

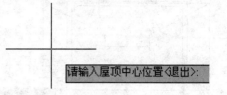

图 6-67　指定中心

6.3.5　矩形屋顶

"矩形屋顶"命令所绘制的屋顶平面仅次于矩形。

调用"矩形屋顶"命令的方法如下。

① 屏幕菜单：单击【房间屋顶】|【矩形屋顶】菜单命令。

② 命令行：在命令行中输入 JXWD，按回车键即可调用"矩形屋顶"命令。

【课堂举例 6-23】 创建如图 6-68 所示的矩形屋顶

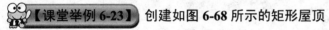

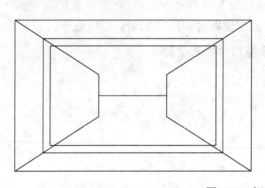

图 6-68　矩形屋顶

01　单击【房间屋顶】|【矩形屋顶】菜单命令，或在命令行中输入 JXWD，按回车键；
在打开的【矩形屋顶】对话框中设置参数，如图 6-69 所示。

02　在绘图区中点取主坡墙外皮的左下角点，如图 6-70 所示。

图 6-69　设置参数

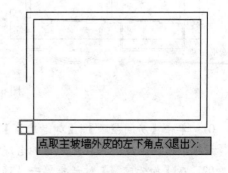

图 6-70　点取左下角点

03　点取主坡墙外皮的右下角点，如图 6-71 所示。

04　点取主坡墙外皮的右上角点，如图 6-72 所示。

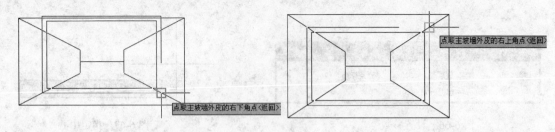

图 6-71　点取右下角点　　　　　　　　图 6-72　点取右上角点

05　完成类型为歇山屋顶的矩形屋顶的绘制结果如图 6-68 所示。

6.3.6　加老虎窗

老虎窗的作用是采光和通风，一般开在屋顶上，使用"加老虎窗"命令可绘制各种形式的老虎窗。

调用"加老虎窗"命令的方法如下。

① 屏幕菜单：单击【房间屋顶】|【加老虎窗】菜单命令。

② 命令行：在命令行中输入 JLHC，按回车键即可调用"加老虎窗"命令。

【课堂举例 6-24】 为如图 6-73 所示屋顶添加老虎窗

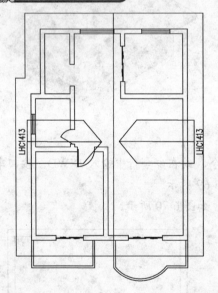
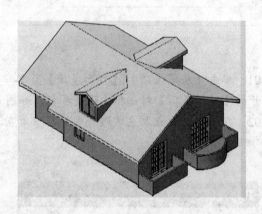

图 6-73　加老虎窗

01　单击【房间屋顶】|【加老虎窗】菜单命令，或在命令行中输入 JLHC，按回车键；选择屋顶，按回车键；在打开的【加老虎窗】对话框中设置参数，如图 6-74 所示。

02　在【加老虎窗】对话框单击"确定"按钮，在绘图区中点取老虎窗的插入点，如图 6-75 所示。

03　点取另一老虎窗的插入点，如图 6-76 所示。

04　老虎窗的绘制结果如图 6-73 所示。

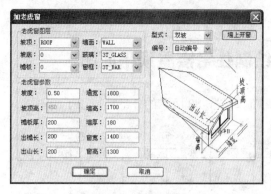

图 6-74　设置参数

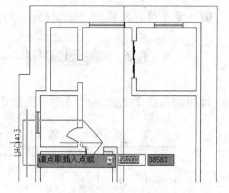

图 6-75　点取插入点

6.3.7　加雨水管

"加雨水管"命令可在屋顶平面图上绘制只具有二维特性的雨水管。

调用"加雨水管"命令的方法如下。

① 屏幕菜单：单击【房间屋顶】|【加雨水管】菜单命令。

② 命令行：在命令行中输入 JYSG，按回车键即可调用"加雨水管"命令。

【课堂举例 6-25】　为屋顶平面图添加如图 6-77 所示的雨水管

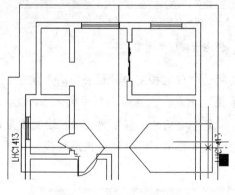

图 6-76　点取另一插入点

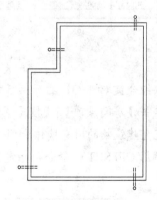

图 6-77　加雨水管

01　单击【房间屋顶】|【加雨水管】菜单命令，或在命令行中输入 JYSG，按回车键；指定雨水管入水洞口的起点，如图 6-78 所示。

02　鼠标向左移动，点取出水口的结束点，绘制结果如图 6-79 所示。

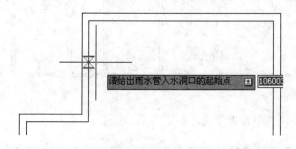

图 6-78　指定起点

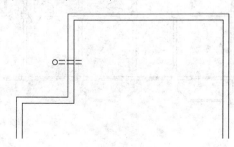

图 6-79　绘制结果

03　重复同样的操作，绘制雨水管的最后效果如图 6-77 所示。

6.4　典型实例——绘制住宅楼屋顶平面图

使用前面所学的绘制屋顶的相关知识，绘制如图 6-80 所示的住宅楼屋顶平面图。

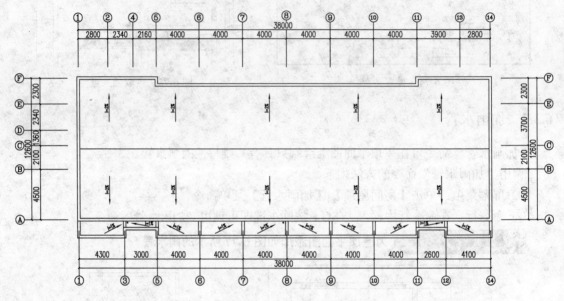

图 6-80　住宅楼屋顶平面图

01　按组合键 Ctrl+O，打开第 5 章绘制的"住宅楼室内外设施.dwg"文件。

02　单击【房间屋顶】|【搜屋顶线】菜单命令，或在命令行中输入 SWDX，按回车键；框选构成完整建筑物的所有墙体和门窗，指定外墙皮的偏移距离为 0，绘制搜屋顶线。

03　调用 OFFSET/O 命令，指定偏移距离为 240，向内偏移搜屋顶线，如图 6-81 所示。

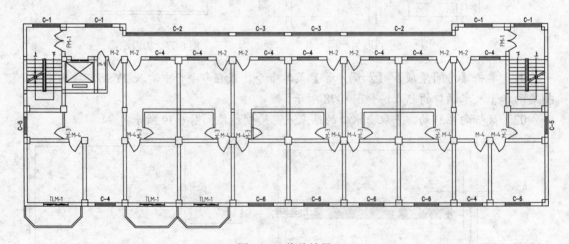

图 6-81　偏移结果

04　调用 MOVE/M 命令，将搜屋顶线及偏移得到的多段线移动到一旁，如图 6-82 所示。

05　调用 PLINE/PL 命令，绘制如图 6-83 所示的多段线。

图 6-82 移动结果

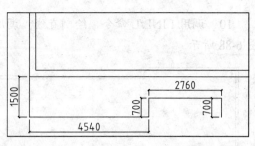

图 6-83 绘制多段线

06 继续调用 PLINE/PL 命令，绘制多段线，结果如图 6-84 所示。

07 调用 LINE/L 命令，绘制直线，如图 6-85 所示。

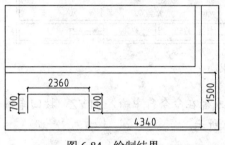

图 6-84 绘制结果

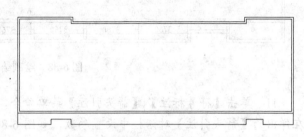

图 6-85 绘制直线

08 调用 OFFSET/O 命令，设置偏移距离为 240，向内偏移多段线和直线；调用 FILLET/F 命令，设置半径值为 0，修剪线段，修剪结果如图 6-86 所示。

图 6-86 修剪结果

09 单击【房间屋顶】|【人字坡顶】菜单命令，或在命令行中输入 RZPD，按回车键；选择一段封闭的多段线，指定屋脊线的起点和终点，绘制人字坡顶的结果如图 6-87 所示。

图 6-87 绘制人字坡顶

10　调用 LINE/L 命令，绘制直线；调用 OFFSET/O 命令，偏移所绘制的直线，结果如图 6-88 所示。

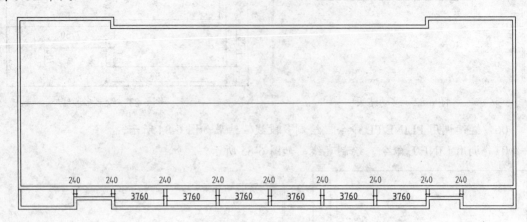

图 6-88　绘制结果

11　单击【符号标注】|【箭头引注】菜单命令，或者在命令行中输入 JTYZ，按回车键；在弹出的【箭头引注】对话框中设置参数，如图 6-89 所示。

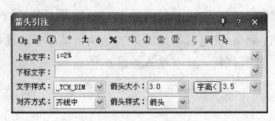

图 6-89　设置参数

12　在绘图区中分别指定箭头的起点和终点，完成屋面的坡度标注如图 6-90 所示。

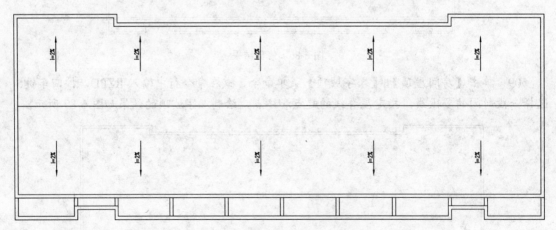

图 6-90　坡度标注

13　调用 CIRCLE/C 命令，设置半径为 50，绘制圆表示落水管图形，如图 6-91 所示。

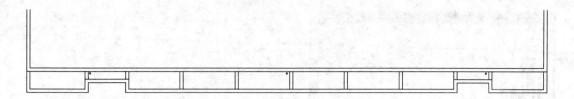

图 6-91 绘制圆

14 单击【符号标注】|【箭头引注】菜单命令，或者在命令行中输入 JTYZ，按回车键；在弹出的【箭头引注】对话框中设置参数，如图 6-92 所示。

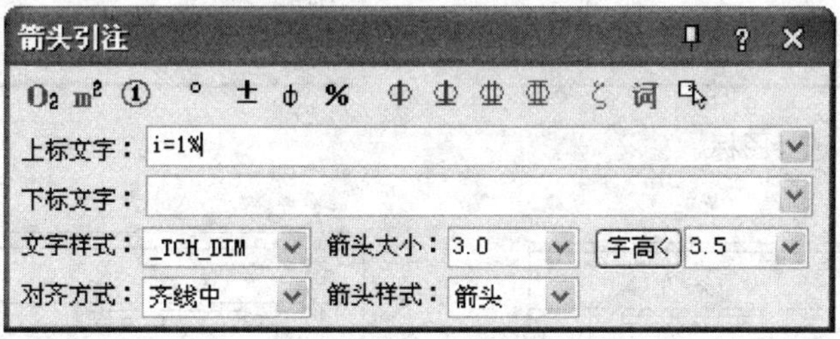

图 6-92 设置参数

15 在绘图区中分别指定箭头的起点和终点，完成屋面的排水坡度标注如图 6-80 所示。

6.5 典型实例——绘制办公楼卫生间平面图

结合前面所学习的房间布置的相关知识，绘制如图 6-93 所示的办公楼卫生间平面图。

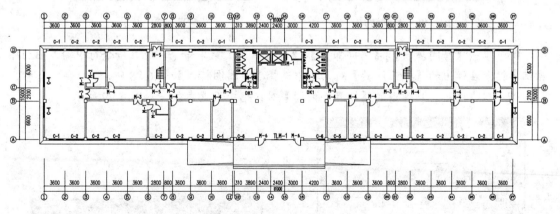

图 6-93 办公楼卫生间平面图

01 按组合键 Ctrl+O，打开第 5 章绘制的"办公楼室内外设施.dwg"文件。

02 单击【房间屋顶】|【房间布置】|【布置洁具】菜单命令，或在命令行中输入 BZJJ，按回车键；在弹出的【天正洁具】对话框中选择蹲便器图标，如图 6-94 所示。

03 双击图标，在弹出的【布置蹲便器】对话框中设置参数，如图 6-95 所示。

04 在绘图区中选择沿墙边线，分别指定洁具图形的插入点，绘制结果如图 6-96 所示。

05 沿用相同的方法，绘制另一卫生间的蹲便器图形，结果如图 6-97 所示。

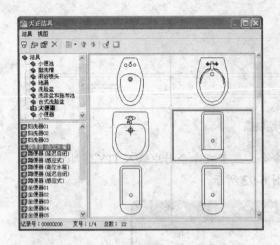

图 6-94   选择图标

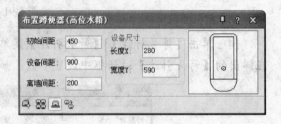

图 6-95   设置参数

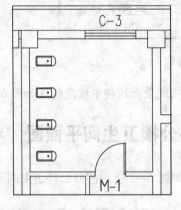

图 6-96   布置洁具

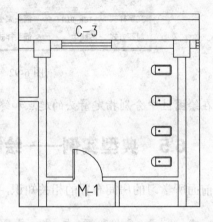

图 6-97   绘制结果

06   单击【房间屋顶】|【房间布置】|【布置洁具】菜单命令，或在命令行中输入 BZJJ，按回车键；在弹出的【天正洁具】对话框中选择小便器图标，如图 6-98 所示。

07   双击图标，在弹出的【布置小便器】对话框中设置参数，如图 6-99 所示。

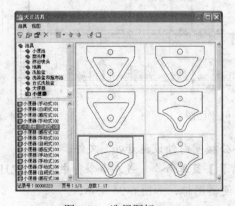

图 6-98   选择图标

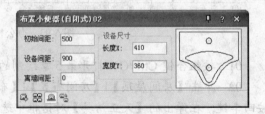

图 6-99   设置参数

08   在绘图区中选择沿墙边线，分别指定洁具图形的插入点，绘制结果如图 6-100 所示。

09   单击【房间屋顶】|【房间布置】|【布置洁具】菜单命令，或在命令行中输入 BZJJ，

按回车键；在弹出的【天正洁具】对话框中选择拖布池图标，如图 6-101 所示。

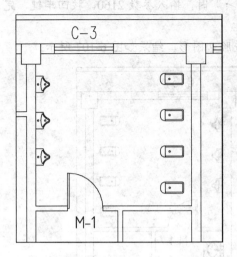

图 6-100 布置洁具

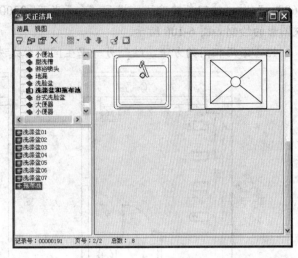

图 6-101 选择图标

10 双击图标，在弹出的【布置拖布池】对话框中设置参数，如图 6-102 所示。

11 根据命令行的提示，绘制拖布池图形，结果如图 6-103 所示。

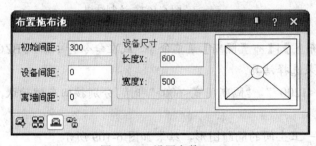

图 6-102 设置参数

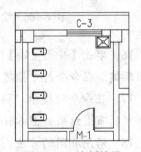

图 6-103 绘制结果

12 单击【房间屋顶】|【房间布置】|【布置洁具】菜单命令，或在命令行中输入 BZJJ，按回车键；在弹出的【天正洁具】对话框中选择台式洗脸盆图标，如图 6-104 所示。

13 双击图标，在弹出的【布置台上式洗脸盆】对话框中设置参数，如图 6-105 所示。

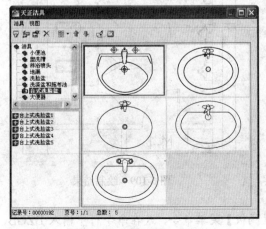

图 6-104 选择图标

图 6-105 设置参数

14　在绘图区中选择沿墙边线，分别指定洁具图形的插入点；在命令行提示"台面宽度<600>："时，按回车键确认；提示"台面长度<2300>："时，输入参数 2160，按回车键，完成图形的绘制如图 6-106 所示。

15　沿用相同的方法，绘制另一卫生间的台式洗脸盆图形，结果如图 6-107 所示。

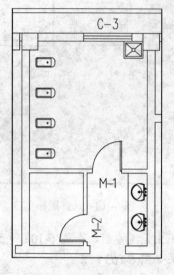

图 6-106　绘制洁具

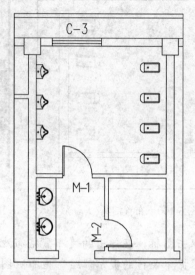

图 6-107　绘制结果

16　单击【房间屋顶】|【房间布置】|【布置隔断】菜单命令，或在命令行中输入 BZGD，按回车键；在命令行中指定一直线来选择洁具。

17　在命令行提示"隔板长度<1200>"、"隔断门宽<600>"时，分别按回车键确认，完成隔断的布置结果如图 6-108 所示。

18　沿用相同的方法，绘制另一卫生间的隔断图形，结果如图 6-109 所示。

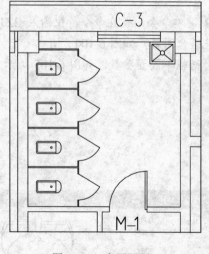

图 6-108　布置隔断

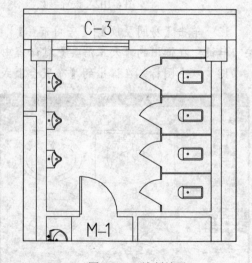

图 6-109　绘制结果

19　单击【房间屋顶】|【房间布置】|【布置隔板】菜单命令，或在命令行中输入 BZGB，

按回车键；在命令行中指定一直线来选择洁具。

20　在命令行提示"隔板长度<400>"时，按回车键确认；完成隔板的布置，结果如图6-110所示。

21　办公楼卫生间平面图的绘制结果如图6-93所示。

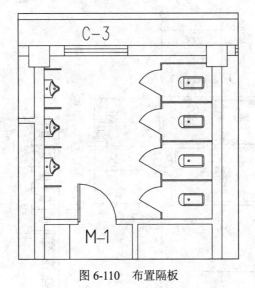

图6-110　布置隔板

6.6　本章小结

本章主要介绍了以下知识点 。

① 介绍了建筑面积、套内面积、公摊面积的概念及查询方法，房间对象的创建方法及面积计算和统计的步骤。

② 踢脚线的绘制方法，使用奇数分格和偶数风格来绘制地面铺装的方法。

③ 洁具的布置，隔断隔板图形的绘制。

④ 各种屋顶的创建方法。

⑤ 老虎窗和雨水管在绘制屋顶平面图中经常要绘制，读者要加强练习。

6.7　思考与练习

一、填空题

1. "查询面积"命令可以_____。

2. "加踢脚线"命令可以自动搜索房间的轮廓，按照用户自定义的踢脚线截面生成二位和三位一体的踢脚线，遇___会自动断开。

3. 布置洁具的方法有_____、_____、_____、_____。

4. 生成搜屋顶线后，绘图区中的虚线可以执行【____】|【____】命令进行消除。

5. 调用"矩形屋顶"命令，可以绘制四种形式的屋顶，分别是_____、_____、_____、_____。

二、问答题

1. 什么是公摊面积？调用"公摊面积"命令的方法有哪些？

2. 创建任意坡顶前要注意些什么？

三、操作题

1. 绘制如图 6-111 所示的平面图，并标注房间面积。

2. 绘制如图 6-112 所示的卫生间平面图。

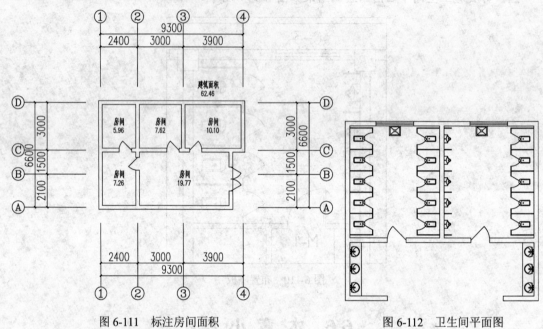

图 6-111　标注房间面积

图 6-112　卫生间平面图

3. 绘制如图 6-113 所示的屋顶平面图。

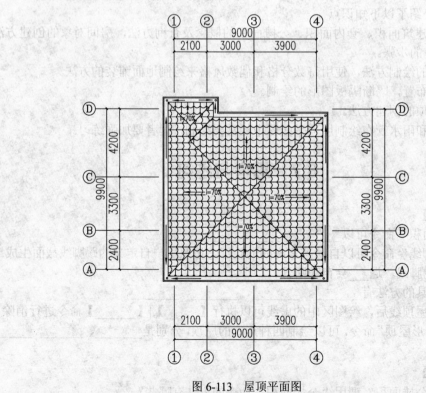

图 6-113　屋顶平面图

提示　首先调用"搜屋顶线"命令，绘制屋顶轮廓线；调用 OFFSET/O 命令，向内偏移轮廓线；调用"任意坡顶"命令，绘制屋顶；调用 CIRCLE/C 命令，绘制半径为 50 的圆作为水管图形；调用"箭头引注"命令，标注屋面坡度及排水沟坡度；调用 BHATCH/H 命令，填充屋面图案。

第7章 尺寸标注、文字和符号

尺寸标注、文字和符号标注是设计图纸中非常重要的组成部分，天正建筑软件提供了符合国内建筑制图标准的尺寸标注和符号标注样式，使用户可以非常方便快捷地完成对建筑图的规范化标注。本章主要介绍尺寸标注、文字和符号标注的创建方法和编辑方法。

7.1 尺寸标注

在建筑平面图中，尺寸标注包括外包尺寸和内包尺寸，本节主要介绍尺寸标注的创建和编辑方法。

7.1.1 创建尺寸标注

绘制建筑平面图需要添加诸如门窗标注、墙厚标注、两点标注等类型的尺寸，本节主要介绍各类尺寸的标注的创建方法。

（1）门窗标注

使用"门窗标注"命令，可在平面图中标注门窗的尺寸及门窗在墙中的位置。

调用"门窗标注"命令的方法如下。

① 屏幕菜单：单击【尺寸标注】|【门窗标注】菜单命令。

② 命令行：在命令行中输入 MCBZ，按回车键即可调用"门窗标注"命令。

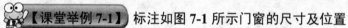 【课堂举例 7-1】 标注如图 7-1 所示门窗的尺寸及位置

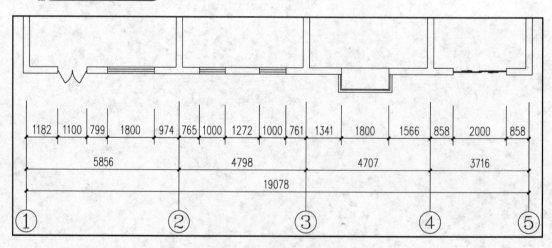

图 7-1 门窗尺寸及位置的标注

01 单击【尺寸标注】|【门窗标注】菜单命令，或在命令行中输入 MCBZ，按回车键；在绘图区中单击起点，如图 7-2 所示。

02 单击终点，如图 7-3 所示。

03 标注一段墙的门窗尺寸后，按照系统提示选择其他墙体，如图 7-4 所示。

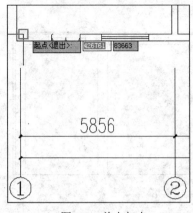

图 7-2　单击起点

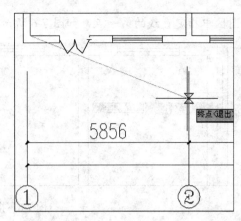

图 7-3　单击终点

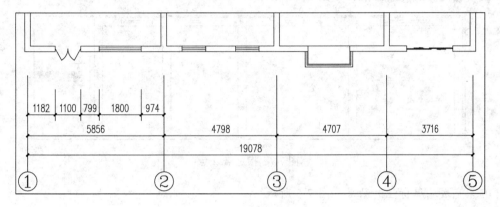

图 7-4　选择墙体

04　完成门窗标注的操作，结果如图 7-1 所示。

（2）墙厚标注

"墙厚标注"命令可在图中标注出与墙体正交的墙厚尺寸。

调用"墙厚标注"命令的方法如下。

① 屏幕菜单：单击【尺寸标注】|【墙厚标注】菜单命令。

② 命令行：在命令行中输入 QHBZ，按回车键即可调用"墙厚标注"命令。

【课堂举例 7-2】 标注如图 7-5 所示墙体的正交尺寸

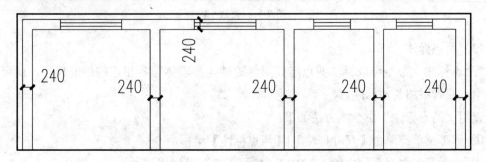

图 7-5　墙厚标注

01　单击【尺寸标注】|【墙厚标注】菜单命令，或在命令行中输入 QHBZ，按回车键；

在绘图区中指定直线的第一点，如图 7-6 所示。

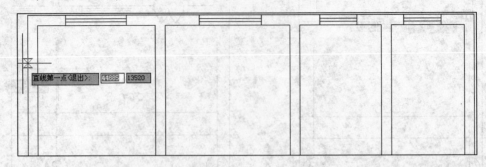

图 7-6　指定第一点

02　指定直线的第二点，如图 7-7 所示。

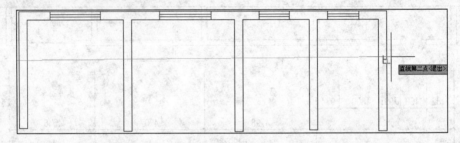

图 7-7　指定第二点

03　完成墙厚标注的结果如图 7-5 所示。

（技巧）当墙体有轴线存在时，标注以轴线划分左右宽，标注结果如图 7-8 所示。

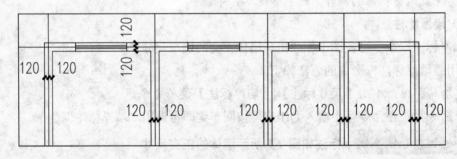

图 7-8　标注结果

（3）两点标注

"两点标注"命令可以标注两点连线附件的轴线、墙体等各相连构件的尺寸，还可标注各墙中点或者添加其他标注点。

调用"两点标注"命令的方法如下。

① 屏幕菜单：单击【尺寸标注】|【两点标注】菜单命令。

② 命令行：在命令行中输入 LDBZ，按回车键即可调用"两点标注"命令。

【课堂举例 7-3】　标注如图 7-9 所示墙两点间的尺寸

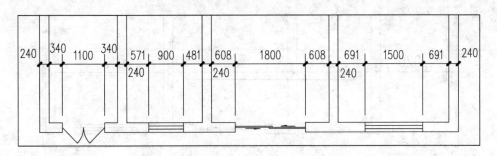

图 7-9　两点标注

01　单击【尺寸标注】|【两点标注】菜单命令，或在命令行中输入 LDBZ，按回车键；在绘图区中指定标注的起点，如图 7-10 所示。

02　指定标注的终点，如图 7-11 所示。

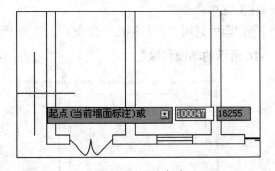 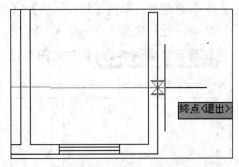

图 7-10　指定起点　　　　　　　　图 7-11　指定标注的终点

03　命令行提示"请选择不要标注的轴线和墙体"时，按回车键；选择其他要标注的门窗和柱子，如图 7-12 所示。

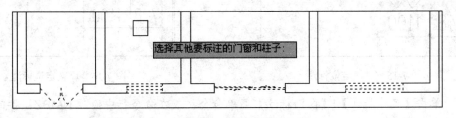

图 7-12　选择结果

04　完成两点标注的结果如图 7-9 所示。

技巧　调用"两点标注"命令的同时，根据命令行的提示输入 C，可在墙面标注和墙中标注中切换；如图 7-13 所示为墙面标注，如图 7-14 所示为墙中标注。

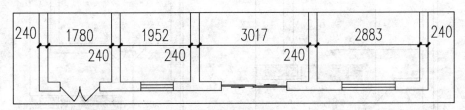

图 7-13　墙面标注

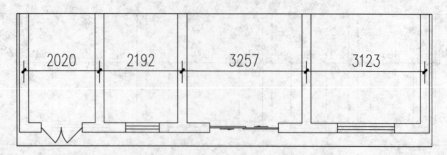

图 7-14　墙中标注

（4）内门标注

使用"内门标注"命令，可以标注室内门窗尺寸及与之相邻的正交轴线或墙角的距离。调用"内门标注"命令的方法如下。

① 屏幕菜单：单击【尺寸标注】|【内门标注】菜单命令。

② 命令行：在命令行中输入 NMBZ，按回车键即可调用"内门标注"命令。

【课堂举例 7-4】 标注如图 7-15、图 7-16 所示的轴线和垛宽

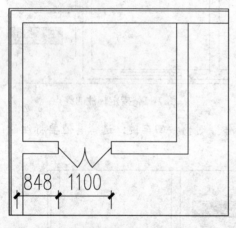

图 7-15　轴线定位标注

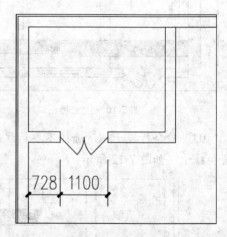

图 7-16　垛宽定位标注

01　单击【尺寸标注】|【内门标注】菜单命令，或在命令行中输入 NMBZ，按回车键；在绘图区中指定标注的起点，如图 7-17 所示。

02　指定标注的终点，如图 7-18 所示。

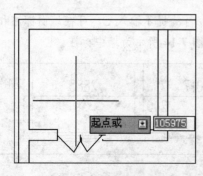

图 7-17　指定标注的起点

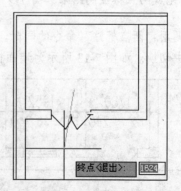

图 7-18　指定标注的终点

03 轴线定位标注的结果如图 7-15 所示。

04 调用"内门标注"命令的同时，根据命令行的提示输入 A，选择垛宽定位；根据命令行的提示分别指定标注的起点和终点，完成的标注结果如图 7-16 所示。

（5）快速标注

"快速标注"命令适用于选择平面图后快速标注其外包尺寸线。

调用"快速标注"命令的方法如下。

① 屏幕菜单：单击【尺寸标注】|【快速标注】菜单命令。

② 命令行：在命令行中输入 KSBZ，按回车键即可调用"快速标注"命令。

【课堂举例 7-5】 快速标注如图 **7-19** 所示平面图的外包尺寸

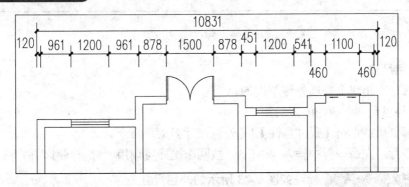

图 7-19 快速标注

01 单击【尺寸标注】|【快速标注】菜单命令，或在命令行中输入 KSBZ，按回车键；在绘图区中选择要标注的几何图形，如图 7-20 所示。

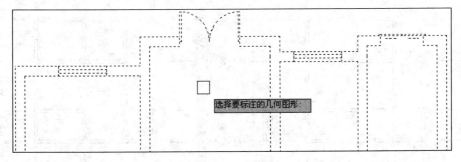

图 7-20 选择图形

02 在命令行中输入 A，如图 7-21 所示。

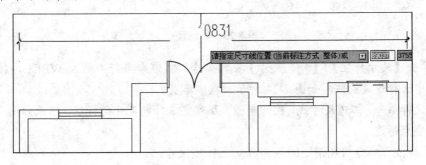

图 7-21 输入 A

03 指定尺寸线位置，如图 7-22 所示；完成快速标注的操作，结果如图 7-19 所示。

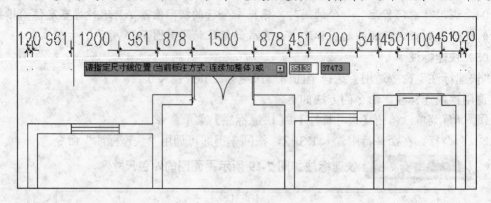

图 7-22 指定尺寸线位置

（6）外包尺寸

"外包尺寸"指包含外墙外侧厚度的总尺寸。

调用"外包尺寸"命令的方法如下。

① 屏幕菜单：单击【尺寸标注】|【外包尺寸】菜单命令。

② 命令行：在命令行中输入 WBCC，按回车键即可调用"外包尺寸"命令。

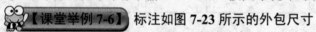【课堂举例 7-6】标注如图 7-23 所示的外包尺寸

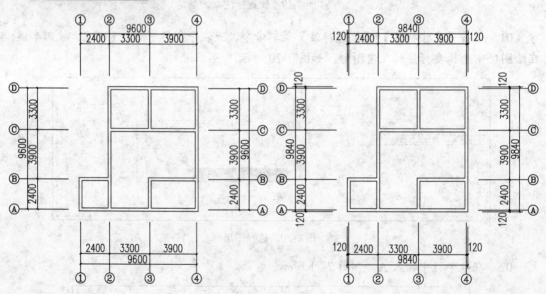

图 7-23 外包尺寸

01 单击【尺寸标注】|【外包尺寸】菜单命令，或在命令行中输入 WBCC，按回车键；在绘图区中选择建筑构件，如图 7-24 所示，按回车键。

02 选择第一、二道尺寸线，按回车键，即可完成外包尺寸的标注，结果如图 7-25 所示。

（7）逐点标注

"逐点标注"命令可在指定的点和方向上标注尺寸。

调用"逐点标注"命令的方法如下。

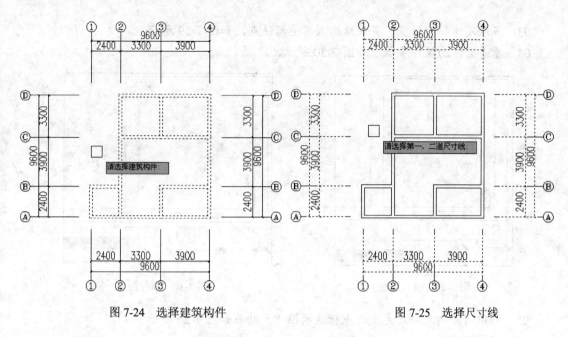

图 7-24　选择建筑构件　　　　　　　　　图 7-25　选择尺寸线

① 屏幕菜单：单击【尺寸标注】|【逐点标注】菜单命令。

② 常用工具栏：单击工具栏中的"逐点标注"按钮．。

③ 命令行：在命令行中输入 ZDBZ，按回车键即可调用"逐点标注"命令。

【课堂举例 7-7】 逐点标注如图 7-26 所示图形

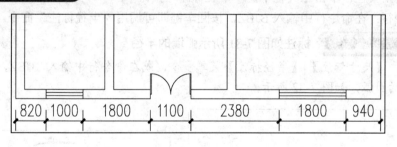

图 7-26　逐点标注

01　单击【尺寸标注】|【逐点标注】菜单命令，或在命令行中输入 ZDBZ，按回车键；指定起点，如图 7-27 所示。

02　指定第二点，如图 7-28 所示。

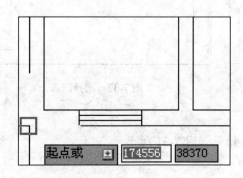

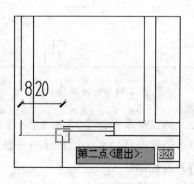

图 7-27　指定起点　　　　　　　　　　　图 7-28　指定第二点

03   点取尺寸线的位置，并继续输入其他标注点，如图 7-29 所示。

04   重复同样的操作步骤，如图 7-30 所示。

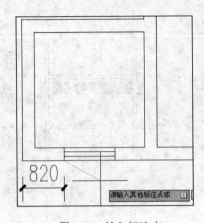
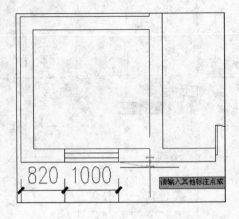

图 7-29   输入标注点　　　　　　　　　　　　　图 7-30   重复操作

05   沿用同样的方法，完成逐点标注的操作，结果如图 7-26 所示。

（8）半径标注

使用"半径标注"命令，可以标注弧线或者弧墙的半径。

调用"半径标注"命令的方法如下。

① 屏幕菜单：单击【尺寸标注】|【半径标注】菜单命令。

② 常用工具栏：单击工具栏中的"半径标注"按钮◎。

③ 命令行：在命令行中输入 BJBZ，按回车键即可调用"半径标注"命令。

【课堂举例 7-8】 标注如图 7-31 所示弧墙的半径

01   单击【尺寸标注】|【半径标注】菜单命令，或在命令行中输入 BJBZ，按回车键；选择待标注的圆弧，如图 7-32 所示。

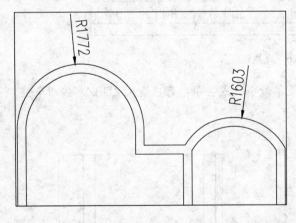
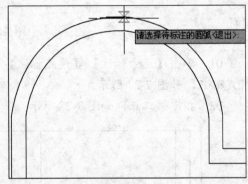

图 7-31   半径标注　　　　　　　　　　　　　图 7-32   选择圆弧

02   标注结果如图 7-33 所示。

03   沿用同样的方法，标注另一段弧墙，结果如图 7-31 所示。

（9）直径标注

使用"直径标注"命令，可以标注弧线或者弧墙的半径。

调用"直径标注"命令的方法如下。

① 屏幕菜单：单击【尺寸标注】|【直径标注】菜单命令。

② 命令行：在命令行中输入 ZJBZ，按回车键即可调用"直径标注"命令。

【课堂举例 7-9】 标注如图 7-34 所示弧墙的直径

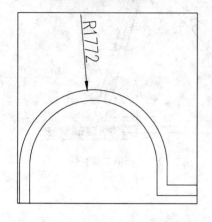

图 7-33　标注结果

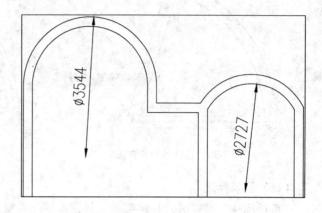

图 7-34　直径标注

01　单击【尺寸标注】|【直径标注】菜单命令，或在命令行中输入 ZJBZ，按回车键；选择待标注的圆弧，如图 7-35 所示。

02　标注结果如图 7-36 所示。

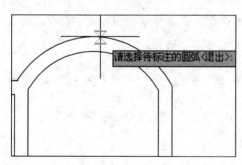

图 7-35　选择圆弧

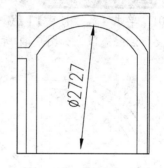

图 7-36　标注结果

03　重复操作，标注另一段弧墙，结果如图 7-34 所示。

（10）角度标注

"角度标注"命令可以标注两条直线之间的夹角。

调用"角度标注"命令的方法如下。

① 屏幕菜单：单击【尺寸标注】|【角度标注】菜单命令。

② 常用工具栏：单击工具栏中的"角度标注"按钮。

③ 命令行：在命令行中输入 JDBZ，按回车键即可调用"角度标注"命令。

【课堂举例 7-10】 标注如图 7-37 所示夹角

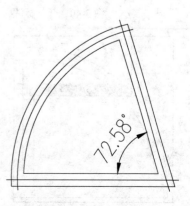

图 7-37　夹角角度标注

01 单击【尺寸标注】|【角度标注】菜单命令，或在命令行中输入 JDBZ，按回车键；选择第一条直线，如图 7-38 所示。

02 选择第二条直线，如图 7-39 所示；完成角度标注的操作，结果如图 7-37 所示。

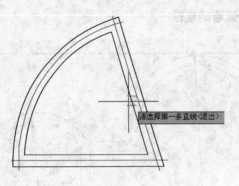
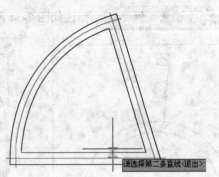

图 7-38 选择第一条直线   图 7-39 选择第二条直线

（11）弧长标注

"弧长标注"可以分段标注弧长，且角度标注对象为一个整体。

调用"弧长标注"命令的方法如下。

① 屏幕菜单：单击【尺寸标注】|【弧长标注】菜单命令。

② 命令行：在命令行中输入 HCBZ，按回车键即可调用"弧长标注"命令。

【课堂举例 7-11】 标注如图 7-40 所示弧长

01 单击【尺寸标注】|【弧长标注】菜单命令，或在命令行中输入 HCBZ，按回车键；选择要标注的弧段，如图 7-41 所示。

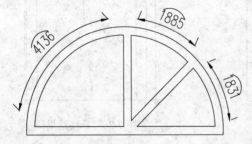
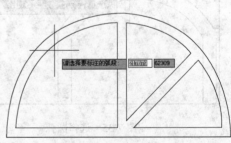

图 7-40 弧长标注   图 7-41 选择要标注的弧段

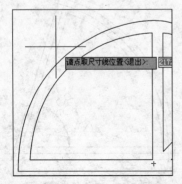

图 7-42 点取尺寸线位置

02 点取尺寸线位置，如图 7-42 所示。

03 按回车键完成一段弧墙的尺寸标注，重复相同的步骤，标注弧长，结果如图 7-40 所示。

7.1.2 编辑尺寸标注

天正建筑提供了多种尺寸编辑命令，如文字复位、文字复值、剪裁延伸等，本节介绍各种编辑尺寸标注命令的用法。

（1）文字复位

"文字复位"命令可以使用拖动夹点将尺寸文字恢复到

尺寸线的中点上方。

调用"文字复位"命令的方法如下。

① 屏幕菜单：单击【尺寸标注】|【尺寸编辑】|【文字复位】菜单命令。

② 命令行：在命令行中输入 WZFW，按回车键即可调用"文字复位"命令。

【课堂举例 7-12】 **复位标注文字，结果如图 7-43 所示**

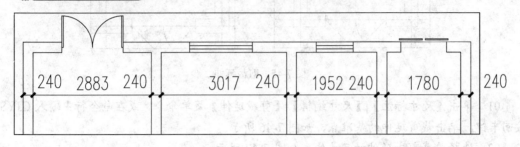

图 7-43 复位标注文字

01 单击【尺寸标注】|【尺寸编辑】|【文字复位】菜单命令，或在命令行中输入 WZFW，按回车键；选择需复位文字的对象，如图 7-44 所示。

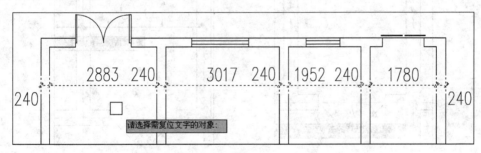

图 7-44 选择复位文字对象

02 按回车键，完成文字复位的操作，结果如图 7-43 所示。

（2）文字复值

"文字复值"命令，可以将修改后的尺寸文字恢复为初始数值。

调用"文字复值"命令的方法如下。

① 屏幕菜单：单击【尺寸标注】|【尺寸编辑】|【文字复值】菜单命令。

② 常用工具栏：单击工具栏中的"文字复值"按钮 。

③ 命令行：在命令行中输入 WZFZ，按回车键即可调用"文字复值"命令。

（3）剪裁延伸

"剪裁延伸"命令可按指定的基点剪裁或延伸尺寸线。

调用"剪裁延伸"命令的方法如下。

① 屏幕菜单：单击【尺寸标注】|【尺寸编辑】|【剪裁延伸】菜单命令。

② 命令行：在命令行中输入 CJYS，按回车键即可调用"剪裁延伸"命令。

【课堂举例 7-13】 **剪裁延伸如图 7-45 所示图形**

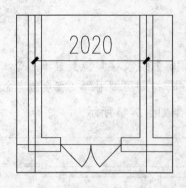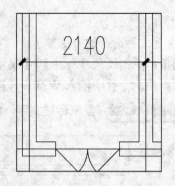

图 7-45　剪裁延伸

01　单击【尺寸标注】|【尺寸编辑】|【剪裁延伸】菜单命令，或在命令行中输入 CJYS，按回车键；单击裁剪延伸的基准点，如图 7-46 所示。

02　选择要裁剪或延伸的尺寸线，如图 7-47 所示。

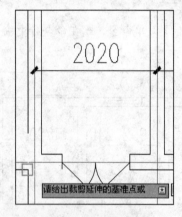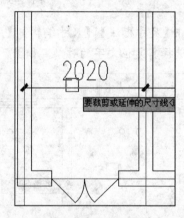

图 7-46　选择基准点　　　　　　　图 7-47　选择尺寸线

03　剪裁延伸的结果如图 7-45 所示。

（4）取消尺寸

"取消尺寸"命令可以将连续标注中的某个尺寸线区间删除。

调用"取消尺寸"命令的方法如下。

① 屏幕菜单：单击【尺寸标注】|【尺寸编辑】|【取消尺寸】菜单命令。

② 命令行：在命令行中输入 QXCC，按回车键即可调用"取消尺寸"命令。

【课堂举例 7-14】 删除某段标注尺寸（图 7-48）

01　单击【尺寸标注】|【尺寸编辑】|【取消尺寸】菜单命令，或在命令行中输入 QXCC，按回车键；选择待取消的尺寸区间的文字，如图 7-49 所示。

02　取消尺寸的结果如图 7-48 所示。

注意

　　如果删除中间段的尺寸标注，则将标注分为两个相同类型的标注对象。

（5）连接尺寸

"连接尺寸"命令可以将所选的两个尺寸线区间加以连接，使两个标注对象合并成一个标注对象。

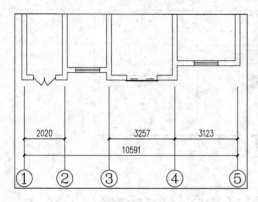

图 7-48   删除某段标注尺寸结果

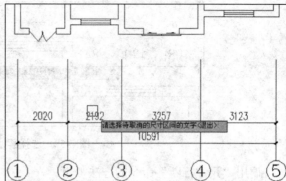

图 7-49   选择文字

调用"连接尺寸"命令的方法如下。

① 屏幕菜单：单击【尺寸标注】|【尺寸编辑】|【连接尺寸】菜单命令。

② 命令行：在命令行中输入 LJCC，按回车键即可调用"连接尺寸"命令。

【课堂举例 7-15】   连接如图 7-50 所示尺寸

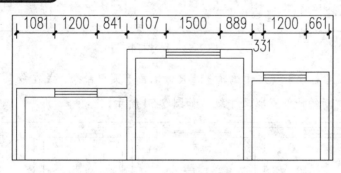

图 7-50   连接尺寸

01   单击【尺寸标注】|【尺寸编辑】|【连接尺寸】菜单命令，或在命令行中输入 LJCC，按回车键；选择主尺寸标注，如图 7-51 所示。

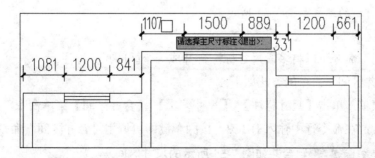

图 7-51   选择主尺寸标注

02   选择需要连接的其他尺寸标注，如图 7-52 所示；完成连接尺寸命令的操作，结果如图 7-50 所示。

（6）尺寸打断

"尺寸打断"命令能将一个尺寸标注打断为两个独立的尺寸标注，可分别对其进行编辑。

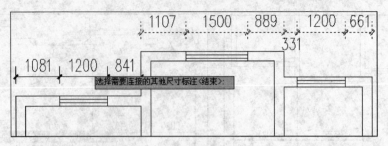

图 7-52   选择其他尺寸标注

调用"尺寸打断"命令的方法如下。

① 屏幕菜单：单击【尺寸标注】|【尺寸编辑】|【尺寸打断】菜单命令。

② 命令行：在命令行中输入 CCDD，按回车键即可调用"尺寸打断"命令。

【课堂举例 7-16】   打断如图 7-53 所示标注尺寸

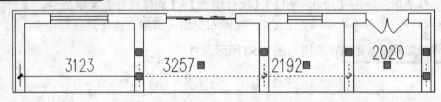

图 7-53   尺寸打断

01   单击【尺寸标注】|【尺寸编辑】|【尺寸打断】菜单命令，或在命令行中输入 CCDD，
按回车键；在要打断的一侧点取尺寸线，如图 7-54 所示。

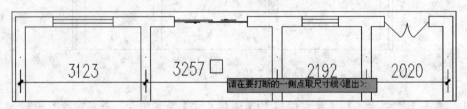

图 7-54   选择尺寸线

02   尺寸打断的结果如图 7-53 所示。

（7）合并区间

"合并区间"命令可以将多段尺寸标注合并成一个区间尺寸标注。

调用"合并区间"命令的方法如下。

① 屏幕菜单：单击【尺寸标注】|【尺寸编辑】|【合并区间】菜单命令。

② 命令行：在命令行中输入 HBQJ，按回车键即可调用"合并区间"命令。

【课堂举例 7-17】   合并如图 7-55 所示的尺寸区间

01   单击【尺寸标注】|【尺寸编辑】|【合并区间】菜单命令，或在命令行中输入 HBQJ，
按回车键；框选合并区间中的尺寸界线箭头，如图 7-56 所示。

02   合并尺寸区间的结果如图 7-55 所示。

（8）等分区间

"等分区间"命令可将指定的尺寸标注区间等分为多个尺寸标注区间。

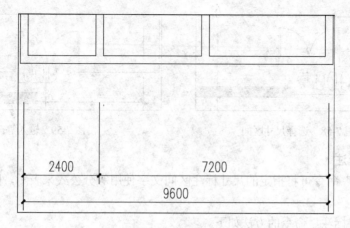

图 7-55　合并区间

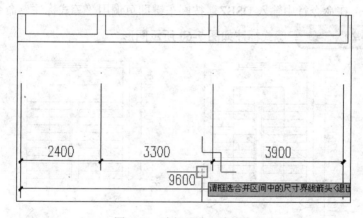

图 7-56　选择尺寸界线箭头

调用"等分区间"命令的方法如下。

① 屏幕菜单：单击【尺寸标注】|【尺寸编辑】|【等分区间】菜单命令。

② 命令行：在命令行中输入 DFQJ，按回车键即可调用"等分区间"命令。

【课堂举例7-18】　等分如图 7-57 所示的区间

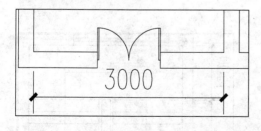
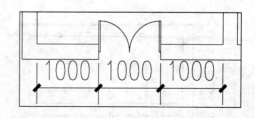

图 7-57　等分区间

01　单击【尺寸标注】|【尺寸编辑】|【等分区间】菜单命令，或在命令行中输入 DFQJ，按回车键；选择需要等分的尺寸区间，如图 7-58 所示。

02　输入等分数为 3，如图 7-59 所示，按回车键；完成该命令的操作，结果如图 7-57 所示。

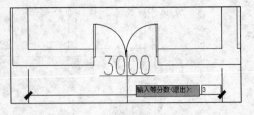

图 7-58　选择尺寸区间　　　　　　　　　　　图 7-59　输入等分数

（9）等式标注

"等式标注"命令可将指定的尺寸标注区间文字使用等分公式来表示，除不尽的尺寸保留一位小数。

调用"等式标注"命令的方法如下。

① 屏幕菜单：单击【尺寸标注】|【尺寸编辑】|【等式标注】菜单命令。

② 命令行：在命令行中输入 DSBZ，按回车键即可调用"等式标注"命令。

【课堂举例 7-19】 等式标注如图 7-60 所示图形

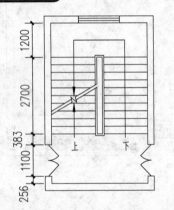

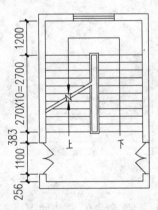

图 7-60　等式标注

01　单击【尺寸标注】|【尺寸编辑】|【等式标注】菜单命令，或在命令行中输入 DSBZ，按回车键；选择需要等分的尺寸区间，如图 7-61 所示。

02　输入等分数为 10，如图 7-62 所示，按回车键；完成等式标注的操作，结果如图 7-60 所示。

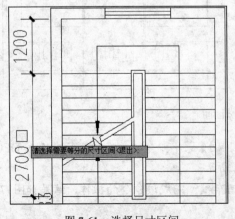

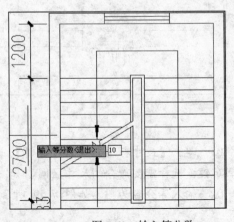

图 7-61　选择尺寸区间　　　　　　　　　　　图 7-62　输入等分数

（10）对齐标注

"对齐标注"命令可将选中的多个尺寸标注进行对齐操作。

调用"对齐标注"命令的方法如下。

① 屏幕菜单：单击【尺寸标注】|【尺寸编辑】|【对齐标注】菜单命令。

② 命令行：在命令行中输入 DQBZ，按回车键即可调用"对齐标注"命令。

【课堂举例7-20】 对齐如图7-63所示标注

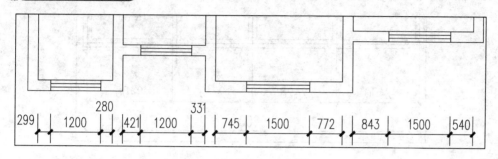

图7-63 对齐标注

01 单击【尺寸标注】|【尺寸编辑】|【对齐标注】菜单命令，或在命令行中输入 DQBZ，按回车键；选择参考标注，如图7-64所示。

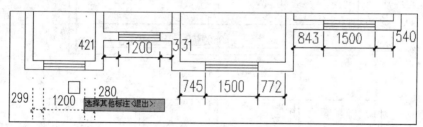

图7-64 选择尺寸区间

02 选择其他标注，如图 7-65 所示；按回车键，即可完成对齐标注的操作，结果如图7-63所示。

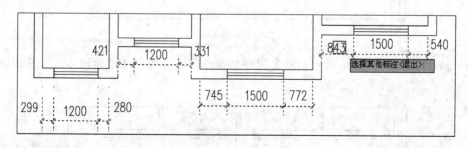

图7-65 选择其他标注

（11）增补尺寸

"增补尺寸"命令可在已有的尺寸标注中增加标注区间，并增补新的尺寸界限，将原有的标注区间断开。

调用"增补尺寸"命令的方法如下。

① 屏幕菜单：单击【尺寸标注】|【尺寸编辑】|【增补尺寸】菜单命令。

② 命令行：在命令行中输入 ZBCC，按回车键即可调用"增补尺寸"命令。

【课堂举例7-21】 增补如图 **7-66** 所示的尺寸。

01 单击【尺寸标注】|【尺寸编辑】|【增补尺寸】菜单命令，或在命令行中输入 ZBCC，按回车键；选择尺寸标注，如图 7-67 所示。

02 点取待增补的标注点的位置，如图 7-68 所示。

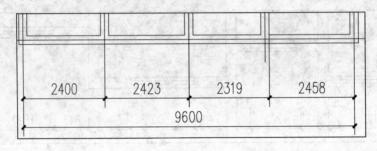

图 7-66 增补尺寸

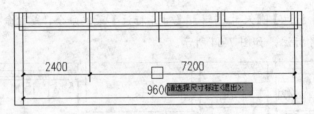

图 7-67 选择尺寸标注

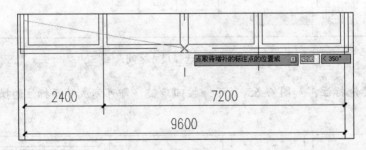

图 7-68 点取标注点

03 标注结果如图 7-69 所示，重复同样的操作，完成增补尺寸的操作，结果如图 7-66 所示。

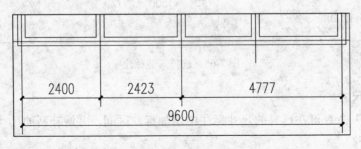

图 7-69 标注结果

提示 双击尺寸标注，也可调用"增补尺寸".命令。

（12）切换角标

"切换角标"命令可以在角度标注、弧长标注及弦长标注之间切换。

调用"切换角标"命令的方法如下。

① 屏幕菜单：单击【尺寸标注】|【尺寸编辑】|【切换角标】菜单命令。

② 命令行：在命令行中输入 QHJB，按回车键即可调用"切换角标"命令。

【课堂举例 7-22】切换如图 7-70～图 7-72 所示的角标

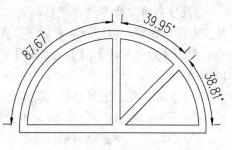

图 7-70　角度标注

01　单击【尺寸标注】|【尺寸编辑】|【切换角标】菜单命令，或在命令行中输入 QHJB，按回车键；选择角度标注，如图 7-73 所示；按回车键即可切换为弦长标注，如图 7-74 所示。

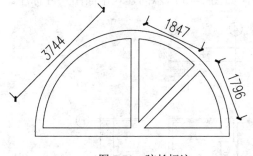

图 7-71　弦长标注

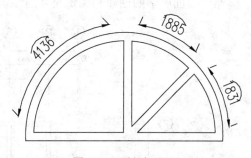

图 7-72　弧长标注

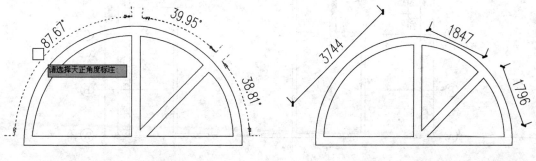

图 7-73　选择角度标注

图 7-74　弦长标注

02　使用同样的方法，将弦长标注切换为弧长标注，结果如图 7-72 所示。

（13）尺寸转化

调用"尺寸转化"命令，可将所选的 AutoCAD 尺寸标注对象转化为天正建筑的尺寸标注对象。

调用"尺寸转化"命令的方法如下。

① 屏幕菜单：单击【尺寸标注】|【尺寸编辑】|【尺寸转化】菜单命令。

② 命令行：在命令行中输入 CCZH，按回车键即可调用"尺寸转化"命令。

调用命令后，在绘图区中选择 AutoCAD 尺寸标注对象，按回车键，即可将所选的尺寸标注对象转化成天正的尺寸标注对象。

（14）尺寸自调

"尺寸自调"命令包含"自调关"、"上调"、"下调"这三个命令，可以将所选的尺寸标注文本进行调整，以使画面看起来整齐美观。

单击【尺寸标注】|【尺寸编辑】|【自调关/上调/下调】菜单命令，可以在这三个命令之间切换。

① 上调：重叠的尺寸标注文本会向上排列。

② 下调：重叠的尺寸标注文本会向下排列。

③ 自调关：不影响原始标注的效果。

7.1.3 典型实例——绘制某建筑平面的尺寸标注

结合前面所学的创建和编辑尺寸的知识，绘制如图 7-75 所示的建筑平面图尺寸标注。

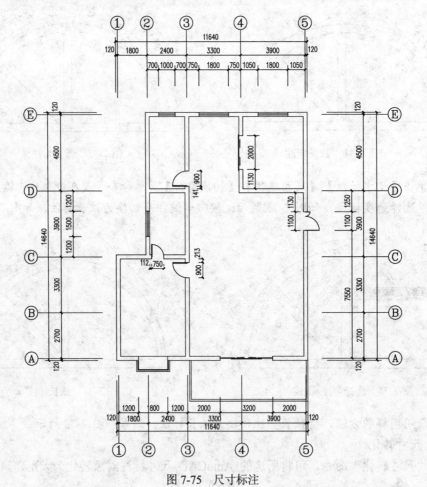

图 7-75　尺寸标注

01　按组合键 Ctrl+O，打开本书配套光盘提供的"7.1.3 建筑平面图.dwg"文件，如图 7-76 所示。

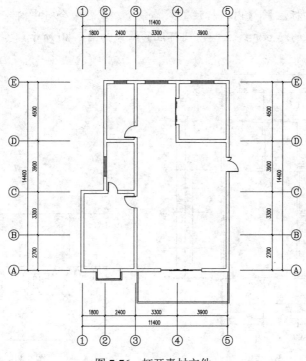

图 7-76　打开素材文件

02　单击【尺寸标注】|【外包尺寸】菜单命令，或在命令行中输入 WBCC，按回车键；在绘图区中选择建筑构件，按回车键；选择第一、二道尺寸线，按回车键，即可完成外包尺寸的标注，结果如图 7-77 所示。

03　单击【尺寸标注】|【门窗标注】菜单命令，或在命令行中输入 MCBZ，按回车键；在绘图区中单击起点和终点，标注上方外墙中窗户的尺寸如图 7-78 所示。

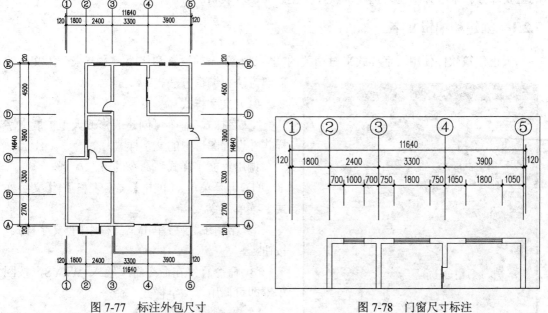

图 7-77　标注外包尺寸　　　　　图 7-78　门窗尺寸标注

04　所有门窗标注的结果如图 7-79 所示。

05 单击【尺寸标注】|【内门标注】菜单命令，或在命令行中输入 NMBZ，按回车键；在绘图区中指定标注的起点和终点，内门标注的结果如图 7-80 所示。

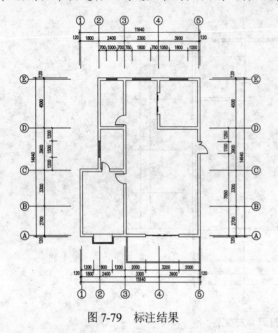

图 7-79 标注结果

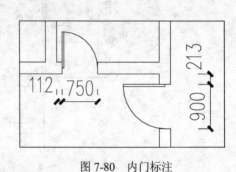

图 7-80 内门标注

06 重复操作，标注其他内门的尺寸，结果如图 7-75 所示。

7.2 文字和表格

建筑图样中的文字和表格能直观地表达图形的尺寸和设计者及意图，因而成为建筑制图的重要部分。本节介绍在天正建筑软件中创建并编辑表格的方法。

7.2.1 创建和编辑文字

天正建筑软件使用文字样式来对相关的文字进行统一的设置和修改，本节来介绍文字的创建方法和编辑方法。

（1）文字样式

"文字样式"命令可创建或修改天正扩展文字样式并设置图形中的文字样式。

调用"文字样式"命令的方法如下。

① 屏幕菜单：单击【文字表格】|【文字样式】菜单命令。

② 常用工具栏：单击工具栏中的"文字样式"按钮 字。

③ 命令行：在命令行中输入 WZYS，按回车键即可调用"文字样式"命令。

【课堂举例 7-23】 设置如图 7-81 所示的文字样式

图 7-81 设置文字样式

01　单击【文字表格】|【文字样式】菜单命令，或在命令行中输入 WZYS，按回车键；弹出【文字样式】对话框，如图 7-82 所示；单击"新建"按钮，在【新建文字样式】对话框中输入"样式名"，如图 7-83 所示。

图 7-82　【文字样式】对话框　　　　　　　图 7-83　【新建文字样式】对话框

02　单击"确定"按钮返回【文字样式】对话框，设置"字高方向"为 1.5；单击"确定"按钮，关闭对话框，完成文字样式的设置。

（2）单行文字

使用"单行文字"命令可以创建符合中国建筑制图标注的天正单行文字。

调用"单行文字"命令的方法如下。

① 屏幕菜单：单击【文字表格】|【单行文字】菜单命令。

② 常用工具栏：单击工具栏中的"单行文字"按钮。

③ 命令行：在命令行中输入 DHWZ，按回车键即可调用"单行文字"命令。

【课堂举例 7-24】 标注如图 7-84 所示的单行文字

01　单击【文字表格】|【单行文字】菜单命令，或在命令行中输入 DHWZ，按回车键；弹出【单行文字】对话框中设置参数，如图 7-85 所示。

图 7-84　单行文字

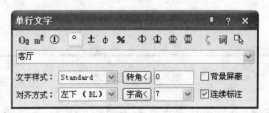

图 7-85　设置参数

02　点取插入位置，如图 7-86 所示；单行文字的创建结果如图 7-84 所示。

技巧　每行文字都是独立的对象，可以对其进行移动、格式设置或其他修改。可以双击单行文字对其进行在位编辑，也可单击鼠标右键，在弹出的快捷菜单中选择"单行文字"选项，在弹出的【单行文字】对话框中对文字的格式等进行修改。

（3）多行文字

使用"多行文字"命令可以创建符合中国建筑制图标注的天正整段文字。

调用"多行文字"命令的方法如下。

① 屏幕菜单：单击【文字表格】|【多行文字】菜单命令。

② 常用工具栏：单击工具栏中的"多行文字"按钮字。

【课堂举例 7-25】 标注如图 **7-87** 所示的多行文字

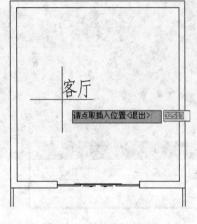

图 7-86　点取插入位置

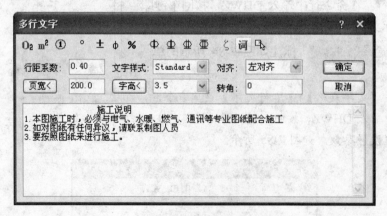

图 7-87　多行文字

01　单击【文字表格】|【多行文字】菜单命令，或单击工具栏中的"多行文字"按钮字；在弹出【多行文字】对话框中设置参数，如图 7-88 所示。

图 7-88　设置参数

02　单击"确定"按钮，在绘图区中点取文字的插入位置，完成多行文字的创建如图 7-87 所示。

（4）曲线文字

"曲线文字"命令可以按指定的曲线来绘制文字。

调用"曲线文字"命令的方法如下。

① 屏幕菜单：单击【文字表格】|【曲线文字】菜单命令。

② 命令行：在命令行中输入 QXWZ，按回车键即可调用"曲线文字"命令。

【课堂举例 7-26】 绘制如图 7-89 所示的曲线文字

图 7-89　曲线文字

01　单击【文字表格】|【曲线文字】菜单命令，在命令行中输入 QXWZ，按回车键；输入选项 P，如图 7-90 所示，按回车键。

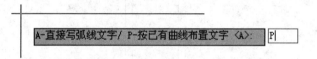

图 7-90　输入 P

02　选取文字的基线，如图 7-91 所示。

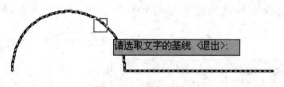

图 7-91　选取基线

03　输入字高为 500，如图 7-92 所示。

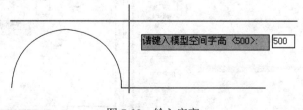

图 7-92　输入字高

04　输入文字如图 7-93 所示，按回车键完成曲线文字的创建，结果如图 7-89 所示。

（5）专业词库

调用"专业词库"命令后，在打开的【专业词库】对话框中可输入自定义字符，并将其

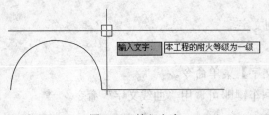

图 7-93 输入文字

入库，也可将外部的文本文件导入到词库中。调用"专业词库"命令的方法如下。

① 屏幕菜单：单击【文字表格】|【专业词库】菜单命令。

② 命令行：在命令行中输入 ZYCK，按回车键即可调用"专业词库"命令。

【课堂举例 7-27】使用专业词库命令替换文字，其结果如图 7-94 所示

01 单击【文字表格】|【专业词库】菜单命令，在命令行中输入 ZYCK，按回车键；在弹出的【专业词库】对话框中选择"会客室"文本，单击"文字替换"按钮，如图 7-95 所示。

图 7-94 替换结果

02 在绘图区中选择要替换的文字图元，如图 7-96 所示，替换的结果如图 7-94 所示。

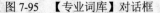

图 7-95 【专业词库】对话框

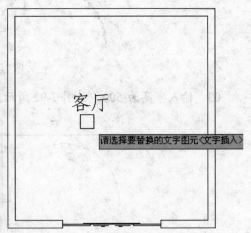

图 7-96 选择要替换的文字图元

（6）递增文字

"递增文字"命令可将所选的天正文字按指定的方向拷贝。

调用"递增文字"命令的方法如下。

① 屏幕菜单：单击【文字表格】|【递增文字】菜单命令。

② 命令行：在命令行中输入 DZWZ，按回车键即可调用"递增文字"命令。

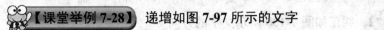【课堂举例 7-28】 递增如图 7-97 所示的文字

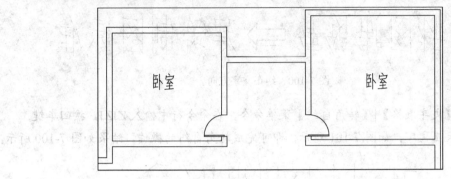

图 7-97 递增文字

01 单击【文字表格】|【递增文字】菜单命令，在命令行中输入 DZWZ，按回车键；选择要递增拷贝的文字，如图 7-98 所示。

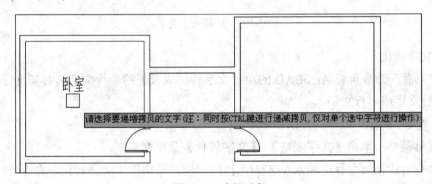

图 7-98 选择对象

02 指定基点及点取插入位置，如图 7-99 所示；完成递增文字的操作，结果如图 7-97 所示。

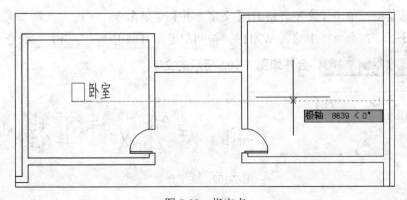

图 7-99 指定点

（7）转角自纠

"转角自纠"命令可以对天正的单行文字的方向进行纠正。

调用"转角自纠"命令的方法如下。

① 屏幕菜单：单击【文字表格】|【转角自纠】菜单命令。

② 命令行：在命令行中输入 ZJZJ，按回车键即可调用"转角自纠"命令。

【课堂举例 7-29】 纠正如图 7-100 所示文字的方向

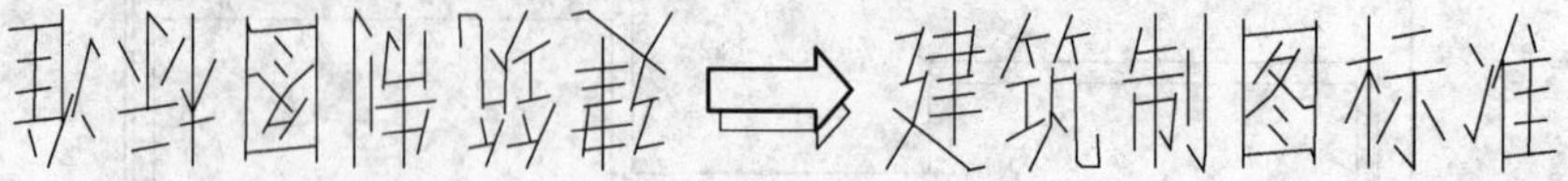

图 7-100　纠正文字方向

01　单击【文字表格】|【转角自纠】菜单命令，在命令行中输入 ZJZJ，按回车键。

02　选择天正文字，如图 7-101 所示，即可完成转角自纠的操作，结果如图 7-100 所示。

图 7-101　选择天正文字

（8）文字转化

"文字转化"命令可将 AutoCAD 的单行文字转化成天正的单行文字，对其进行合并后生成新的单行文字或多行文字。

调用"文字转化"命令的方法如下。

① 屏幕菜单：单击【文字表格】|【文字转化】菜单命令。

② 命令行：在命令行中输入 WZZH，按回车键即可调用"文字转化"命令。

（9）文字合并

"文字合并"命令可将 AutoCAD 或天正的单行文字合并为天正的单行或者多行文字。

调用"文字合并"命令的方法如下。

① 屏幕菜单：单击【文字表格】|【文字合并】菜单命令。

② 命令行：在命令行中输入 WZHB，按回车键即可调用"文字合并"命令。

【课堂举例 7-30】 合并如图 7-102 所示的文字

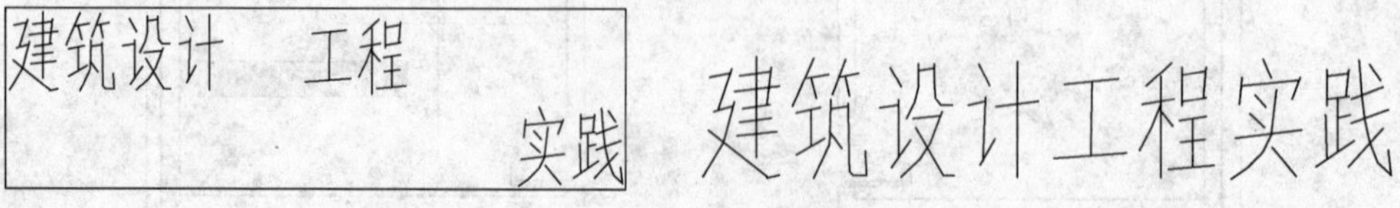

图 7-102　文字合并

01　单击【文字表格】|【文字合并】菜单命令，在命令行中输入 WZHB，按回车键；选择要合并的文字段落，如图 7-103 所示，按回车键。

建筑设计
工程
请选择要合并的文字段落<退出>:
实践

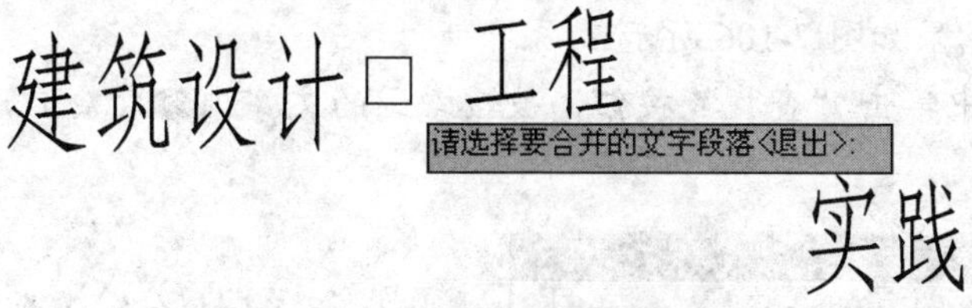

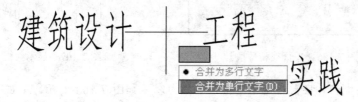

图 7-103　选择要合并的文字段落

02　选择合并方式，如图 7-104 所示；完成文字合并的操作，结果如图 7-102 所示。

建筑设计
工程
合并为多行文字
合并为单行文字 (D)
实践

图 7-104　选择合并方式

（10）统一字高

“统一字高”命令可将高度不一的 AutoCAD 或天正的文字对象统一指定高度。

调用“统一字高”命令的方法如下。

① 屏幕菜单：单击【文字表格】|【统一字高】菜单命令。

② 命令行：在命令行中输入 TYZG，按回车键即可调用“统一字高”命令。

（11）查找替换

“查找替换”命令可查找和替换当前图形中的所有文字，但图块内的文字和属性文字除外。

调用“查找替换”命令的方法如下。

① 屏幕菜单：单击【文字表格】|【查找替换】菜单命令。

② 命令行：在命令行中输入 CZTH，按回车键即可调用“查找替换”命令。

【课堂举例 7-31】 查找“工程实践”文字并替换为“制图标准”文字，如图 7-105 所示

建筑设计
工程实践
建筑设计
制图标准

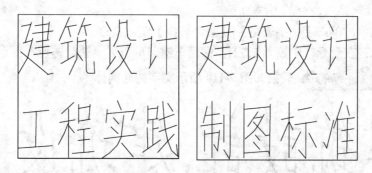

图 7-105　查找替换

01　单击【文字表格】|【查找替换】菜单命令，在命令行中输入 CZTH，按回车键；在弹出的【查找和替换】对话框中单击“查找内容”选项后的“屏幕取词”按钮，在绘图区

中拾取文字内容，结果如图 7-106 所示。

02　在对话框中单击"查找"按钮，被搜索到的文字内容处会显示红框，如图 7-107 所示。

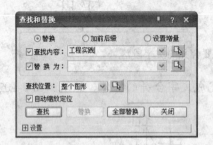

图 7-106　【查找和替换】对话框　　　　　图 7-107　显示红框

03　在【查找和替换】对话框中输入替换内容，如图 7-108 所示，单击"替换"按钮；弹出【查找替换】对话框，如图 7-109 所示；单击"确定"按钮，关闭对话框。

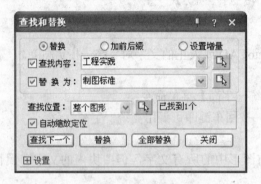

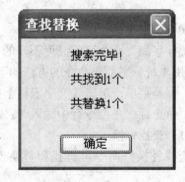

图 7-108　输入替换内容　　　　　图 7-109　【查找替换】对话框

04　返回【查找和替换】对话框，单击"关闭"按钮，关闭对话框，替换结果如图 7-105 所示。

（12）繁简转换

"繁简转换"命令可将当前图形中的文字在简体和繁体间转换。

调用"繁简转换"命令的方法如下。

① 屏幕菜单：单击【文字表格】|【繁简转换】菜单命令。

② 命令行：在命令行中输入 FJZH，按回车键即可调用"繁简转换"命令。

【课堂举例 7-32】 转换如图 7-110 所示文字的繁简体

建築設計 建筑设计

图 7-110　繁简体转换

01　单击【文字表格】|【繁简转换】菜单命令，在命令行中输入 FJZH，按回车键；在

弹出的【繁简转换】对话框中设置参数，如图 7-111 所示。

02　在绘图区中选择需要转换的文字，如图 7-112 所示；按回车键，即可完成文字的繁简转换，结果如图 7-110 所示。

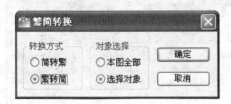

图 7-111　【繁简转换】对话框

图 7-112　选择文字

> **提示**　如果系统未安装相应的字体，文字通常显示为问号而无法正常查看。

7.2.2　创建表格及数据交换

本节主要介绍在天正建筑软件中创建和编辑表格的步骤，以及与其他软件之间进行数据交换的步骤。

（1）新建表格

使用"新建表格"命令，可以自定义参数创建一个表格。

调用"新建表格"命令的方法如下。

① 屏幕菜单：单击【文字表格】|【新建表格】菜单命令。

② 命令行：在命令行中输入 XJBG，按回车键即可调用"新建表格"命令。

【课堂举例 7-33】　新建如图 7-113 所示表格

制图规范		

图 7-113　新建表格

01　单击【文字表格】|【新建表格】菜单命令，在命令行中输入 XJBG，按回车键；在弹出的【新建表格】对话框中设置参数，如图 7-114 所示。

02　单击"确定"按钮，在绘图区中点取表格的左上角点，创建表格的结果如图 7-113 所示。

（2）转出 Word

"转出 Word"命令可将表格中的内容输出至 Word 文档中，以方便用户作其他用途。

调用"转出 Word"命令的方法如下。

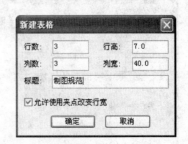

图 7-114　设置参数

屏幕菜单：单击【文字表格】|【转出 Word】菜单命令。

【课堂举例 7-34】 转出天正表格生成如图 7-115 所示的 Word 文档

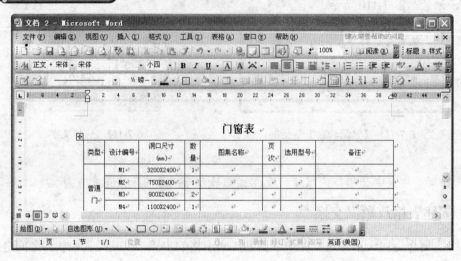

图 7-115　转出天正表格生成 Word 文档

01　单击【文字表格】|【转出 Word】菜单命令，在绘图区中选择表格，如图 7-116 所示。

门窗表

类型	设计编号	洞口尺寸(mm)	数量	图集名称	页次	选用型号	备注
普通门	M1	3200×2400	1				
	M2	750×2400		请选择表格〈退出〉			
	M3	900×2400	2				
	M4	1100×2400	1				
	M5	2000×2400	1				
普通窗	C1	1500×1800	1				
	C2	1800×1800	2				
	C3	1000×1800	1				
凸窗	C4	1800×1900	1				

图 7-116　选择表格

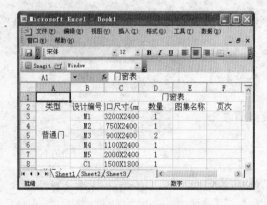

图 7-117　转出天正表格得到的 Excel

02　按回车键，即可将表格输出至 Word 文档，结果如图 7-115 所示。

（3）转出 Excel

"转出 Excel" 命令可将表格中的内容输出至 Excel 文档中，以方便用户作其他用途。

调用"转出 Excel"命令的方法如下。

屏幕菜单：单击【文字表格】|【转出 Excel】菜单命令。

【课堂举例 7-35】 转出天正表格得到如图 7-117 所示的 Excel 文档

01　单击【文字表格】|【转出 Excel】菜单命令，在绘图区中选择表格。

02　按回车键，即可将表格输出至 Excel 文档，结果如图 7-117 所示。

（4）读入 Excel

"读入 Excel"命令可以将 Excel 表格中的数据更新到指定的天正表格中。

调用"读入 Excel"命令的方法如下。

屏幕菜单：单击【文字表格】|【读入 Excel】菜单命令。

【课堂举例 7-36】 **读入 Excel 门窗表生成如表 7-1 所示的表格**

表 7-1　门窗表

门窗表							
类型	设计编号	洞口尺寸(mm)	数量	图集名称	页次	选用型号	备注
普通门	M1	3200×2400	1				
	M2	750×2400	1				
	M3	900×2400	2				
	M4	1100×2400	1				
	M5	2000×2400	1				
普通窗	C1	1500×1800	1				
	C2	1800×1800	2				
	C3	1000×1800	1				
凸窗	C4	1800×1900	1				

01　单击【文字表格】|【读入 Excel】菜单命令，在弹出的【AutoCAD】对话框中单击"是"按钮，如图 7-118 所示。

02　在绘图区中点取表格的左上角点，即可读入 Excel 表格，如表 7-1 所示。

注意
　　在没有打开 Excel 文件的情况下，执行"读入 Excel"命令，系统会弹出【AutoCAD】对话框，如图 7-119 所示；提示用户打开一个 Excel 文件并框选要复制的单元格。

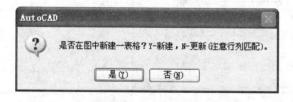

图 7-118　【AutoCAD】对话框

图 7-119　【AutoCAD】对话框

7.2.3　编辑表格

在天正建筑中，用户可自定义对表格的行高、列宽等属性进行编辑修改。本节主要介绍表格的编辑方法。

（1）夹点编辑

创建完成的表格，可以使用"夹点编辑"对其进行编辑。

01　选中表格左上角的夹点，可以移动表格，如图 7-120 所示。

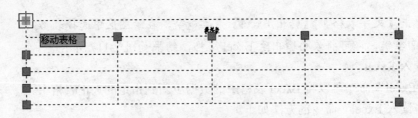

图 7-120　移动表格

02　选择如图 7-121 所示的夹点，可调整表格的行高。

图 7-121　调整行高

03　选择如图 7-122 所示的夹点，可调整表格的列宽。

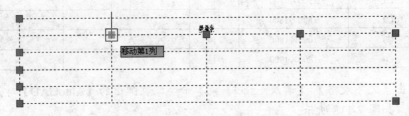

图 7-122　调整列宽

04　选中如图 7-123 所示的夹点，拖动表格可缩放表格的大小。

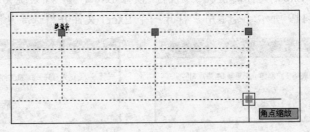

图 7-123　缩放表格

（2）全屏编辑

"全屏编辑"命令可以在打开的【表格内容】对话框中对所选表格的内容进行编辑。
调用"全屏编辑"命令的方法如下。

① 屏幕菜单：单击【文字表格】|【表格编辑】|【全屏编辑】菜单命令。

② 命令行：在命令行中输入 QPBJ，按回车键即可调用"全屏编辑"命令。

【课堂举例 7-37】　编辑如图 7-124 所示表格

门窗表

类型	设计编号	洞口尺寸(mm)	数量	图集名称	页次	选用型号	备注
普通门		3200X2400	1				
		750X2400	1				
		900X2400	2				
		2000X2400	1				
		1100X2400	1				
普通窗		1800X1800	2				
		1000X1800	1				
		1500X1800	1				
凸窗		1800X1900	1				

门窗表

类型	设计编号	洞口尺寸(mm)	图集名称	页次	选用型号	备注
普通门		3200X2400				
		750X2400				
		900X2400				
		2000X2400				
		1100X2400				
普通窗		1800X1800				
		1000X1800				
		1500X1800				
凸窗		1800X1900				

图 7-124　表格

01　单击【文字表格】|【表格编辑】|【全屏编辑】菜单命令，弹出如图 7-125 所示的【表格内容】对话框。

02　在对话框中可以修改表格的内容，单击"确定"按钮，即可关闭对话框，完成编辑表格的操作。

图 7-125　【表格内容】对话框

（3）拆分表格

调用"拆分表格"命令，用户可以自定义对所选的表格按行或按列进行拆分。

调用"拆分表格"命令的方法如下。

① 屏幕菜单：单击【文字表格】|【表格编辑】|【拆分表格】菜单命令。

② 命令行：在命令行中输入 CFBJ，按回车键即可调用"拆分表格"命令。

【课堂举例 7-38】 拆分如图 7-126 所示表格

门窗表

类型	设计编号	洞口尺寸(mm)	数量	图集名称
普通门	M1	3200X2400	1	
	M2	750X2400	1	
	M3	900X2400	2	
	M4	1100X2400	1	
	M5	2000X2400	1	

门窗表

类型	设计编号	洞口尺寸(mm)	数量	图集名称
普通窗	C1	1500X1800	1	
	C2	1800X1800	2	
	C3	1000X1800	1	
凸窗	C4	1800X1900	1	

图 7-126　拆分表格

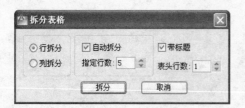

图7-127　【拆分表格】对话框

01　单击【文字表格】|【表格编辑】|【拆分表格】菜单命令，在命令行中输入 CFBJ，按回车键；在弹出的【拆分表格】对话框中设置参数，如图 7-127 所示。

02　在绘图区中选择表格，如图 7-128 所示；即可将表格按所设定的参数进行拆分，结果如图 7-126 所示。

03　在【拆分表格】对话框中设置参数，如图 129 所示。

门窗表

类型	设计编号	洞口尺寸(mm)	数量	图集名称
普通门	M1	3200X2400	1	
	M2	750X2400	1	
	M3	900X2400	2	
	M4	1100X2400	1	
	M5	2000X2400		
普通窗	C1	1500X1800	1	
	C2	1800X1800	2	
	C3	1000X1800	1	
凸窗	C4	1800X1900	1	

图 7-128　选择表格

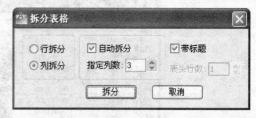

图 7-129　设置参数

04　按列拆分表格的结果如图 7-130 所示。

门窗表

类型	设计编号	洞口尺寸(mm)
普通门	M1	3200X2400
	M2	750X2400
	M3	900X2400
	M4	1100X2400
	M5	2000X2400
普通窗	C1	1500X1800
	C2	1800X1800
	C3	1000X1800
凸窗	C4	1800X1900

门窗表

数量	图集名称
1	
1	
2	
1	
1	
1	
2	
1	
1	

图 7-130　拆分结果

（4）合并表格

"合并表格"命令可将多个行、列数相等或不想等的表格进行合并。

调用"合并表格"命令的方法如下。

① 屏幕菜单：单击【文字表格】|【表格编辑】|【合并表格】菜单命令。

② 命令行：在命令行中输入 HBBJ，按回车键即可调用"合并表格"命令。

【课堂举例 7-39】　合并如图 7-131 所示表格

门窗表

类型	设计编号	洞口尺寸(mm)	数量	图集名称
普通门	M1	3200X2400	1	
	M2	750X2400	1	
	M3	900X2400	2	
	M4	1100X2400	1	
	M5	2000X2400	1	
普通窗	C1	1500X1800	1	
	C2	1800X1800	2	
	C3	1000X1800	1	
凸窗	C4	1800X1900	1	

图 7-131　合并表格

01　单击【文字表格】|【表格编辑】|【合并表格】菜单命令，在命令行中输入 HBBJ，按回车键；在命令行中输入 C，将合并方式切换为列合并。

02　选择第一个表格，如图 7-132 所示。

03　选择下一个表格，如图 7-133 所示；完成合并表格的操作，结果如图 7-131 所示。

（5）表列编辑

"表列编辑"命令可以对选中列的列宽、文字样式等属性进行设置。

门窗表

类型	设计编号	洞口尺寸(mm)
普通门	M1	3200X2400
	M2	750X2400
	M3	900X2400
	M4	1100X2400
	M5	2000X2400
普通窗	C1	1500X1800
	C2	1800X1800
	C3	1000X1800
凸窗	C4	1800X1900

选择第一个表格或 [▼]

图 7-132　选择第一个表格

门窗表

数量	图集名称
1	
1	
2	
1	
1	
2	选择下一个表格〈退出〉:
1	
1	

图 7-133　选择下一个表格

调用"表列编辑"命令的方法如下。

① 屏幕菜单：单击【文字表格】|【表格编辑】|【表列编辑】菜单命令。

② 命令行：在命令行中输入 BLBJ，按回车键即可调用"表列编辑"命令。

【课堂举例 7-40】 编辑如图 **7-134** 所示 **C3** 表列的属性

门窗表

类型	设计编号	洞口尺寸(mm)	数量
普通门	M1	3200X2400	1
	M2	750X2400	1
	M3	900X2400	2
	M4	1100X2400	1
	M5	2000X2400	1
普通窗	C1	1500X1800	1
	C2	1800X1800	2
	C3	1000X1800	1
凸窗	C4	1800X1900	1

门窗表

类型	设计编号	洞口尺寸(mm)	数量
普通门	M1	3200X2400	1
	M2	750X2400	1
	M3	900X2400	2
	M4	1100X2400	1
	M5	2000X2400	1
普通窗	C1	1500X1800	1
	C2	1800X1800	2
	C3	1000X1800	1
凸窗	C4	1800X1900	1

图 7-134　C3 表列编辑结果

01　单击【文字表格】|【表格编辑】|【表列编辑】菜单命令，在命令行中输入 BLBJ，按回车键；选择一个表列，如图 7-135 所示。

02　在弹出的【列设定】对话框中设置参数，如图 7-136 所示；单击"确定"按钮，完成该列的编辑，结果如图 7-134 所示。

（6）表行编辑

"表行编辑"命令可以对选中行的行高、文字样式等属性进行设置。

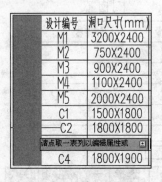

图 7-135　选择表列

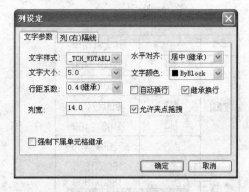

图 7-136　设置参数

调用"表行编辑"命令的方法如下。

① 屏幕菜单：单击【文字表格】|【表格编辑】|【表行编辑】菜单命令。

② 命令行：在命令行中输入 BHBJ，按回车键即可调用"表行编辑"命令。

【课堂举例 7-41】　编辑如图 7-137 所示 M1 表行的属性

01　单击【文字表格】|【表格编辑】|【表行编辑】菜单命令，在命令行中输入 BHBJ，按回车键；选择一个表行，如图 7-138 所示。

02　在弹出的【行设定】对话框中设置参数，如图 7-139 所示；单击"确定"按钮，完成该列的编辑，结果如图 7-137 所示。

门窗表

类型	设计编号	洞口尺寸(mm)	数量
普通门	M1	3200X2400	1
	M2	750X2400	1
	M3	900X2400	2
	M4	1100X2400	1
	M5	2000X2400	1
普通窗	C1	1500X1800	1
	C2	1800X1800	2
	C3	1000X1800	1
凸窗	C4	1800X1900	1

门窗表

类型	设计编号	洞口尺寸(mm)	数量
普通门	M1	3200X2400	1
	M2	750X2400	1
	M3	900X2400	2
	M4	1100X2400	1
	M5	2000X2400	1
普通窗	C1	1500X1800	1
	C2	1800X1800	2
	C3	1000X1800	1
凸窗	C4	1800X1900	1

图 7-137　M1 表行编辑结果

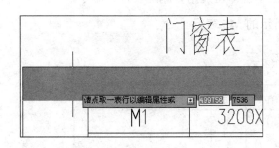

图 7-138　选择表行

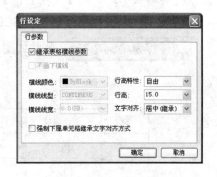

图7-139　设置参数

（7）增加表行

"增加表行"命令可在选定行的前面或后面插入新行，或者复制选定行到新行。

调用"增加表行"命令的方法如下。

① 屏幕菜单：单击【文字表格】|【表格编辑】|【增加表行】菜单命令。

② 命令行：在命令行中输入 ZJBH，按回车键即可调用"增加表行"命令。

【课堂举例 7-42】 增加如图 7-140 所示的 M5 表行

门窗表

类型	设计编号	洞口尺寸(mm)	数量	图集名称
普通门	M1	3200X2400	1	
	M2	750X2400	1	
	M3	900X2400	2	
	M4	1100X2400	1	
	M5	2000X2400	1	

图 7-140　增加 M5 表行

01　单击【文字表格】|【表格编辑】|【表行编辑】菜单命令，在命令行中输入 BHBJ，按回车键；选择一个表行，如图 7-141 所示。

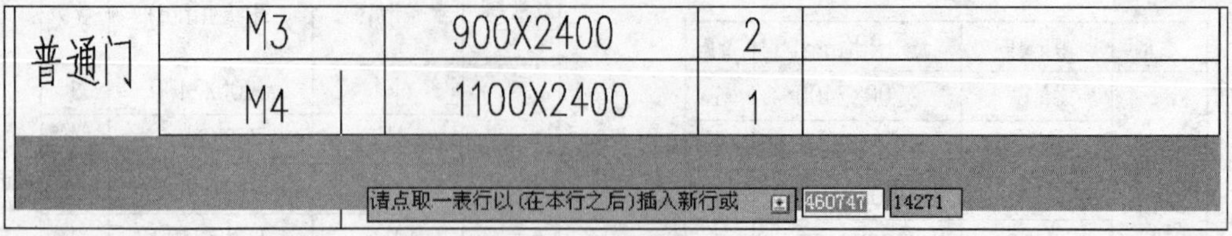

普通门	M3	900X2400	2	
	M4	1100X2400	1	

请点取一表行以（在本行之后）插入新行或　460747　14271

图 7-141　选择表行

02　增加表行的结果如图 7-140 所示。

（8）删除表行

"删除表行"命令可以将选定的行删除。

调用"删除表行"命令的方法如下。

① 屏幕菜单：单击【文字表格】|【表格编辑】|【删除表行】菜单命令。

② 命令行：在命令行中输入 SCBH，按回车键即可调用"删除表行"命令。

【课堂举例 7-43】　删除如图 7-142 所示的 M5 表行

门窗表

类型	设计编号	洞口尺寸(mm)	数量	图集名称
普通门	M1	3200X2400	1	
	M2	750X2400	1	
	M3	900X2400	2	
	M4	1100X2400	1	
	M5	2000X2400	1	

图 7-142　删除 M5 表行

01　单击【文字表格】|【表格编辑】|【删除表行】菜单命令，在命令行中输入 SCBJ，按回车键；选择一个表行，如图 143 所示。

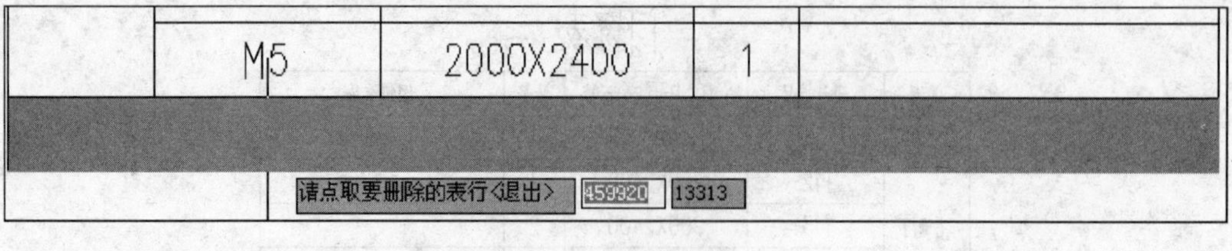

	M5	2000X2400	1	

请点取要删除的表行〈退出〉　459920　13313

图 7-143　选择表行

02　删除表行的结果如图 7-142 所示。

（9）单元编辑

"单元编辑"命令可对选定的单元格内容或文字属性进行编辑。

调用"单元编辑"命令的方法如下。

① 屏幕菜单：单击【文字表格】|【单元编辑】|【单元编辑】菜单命令。

② 命令行：在命令行中输入 DYBJ，按回车键即可调用"单元编辑"命令。

【课堂举例7-44】 编辑如图 7-144 所示 M3 单元格

门窗表

类型	设计编号	洞口尺寸(mm)
普通门	M1	3200X2400
	M2	750X2400
	M3	900X2400
	M4	1100X2400
	M5	2000X2400

门窗表

类型	设计编号	洞口尺寸(mm)
平开门	M1	3200X2400
	M2	750X2400
	M3	900X2400
	M4	1100X2400
	M5	2000X2400

图 7-144　M3 单元格编辑

01 单击【文字表格】|【单元编辑】|【单元编辑】菜单命令，在命令行中输入 DYBJ，按回车键；选择一个单元格，如图 7-145 所示。

02 在弹出的【单元格编辑】对话框中设置参数，如图 7-146 所示。

图 7-145　选择表行

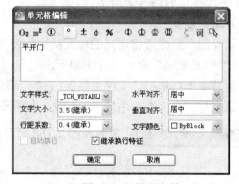

图 7-146　设置参数

03 单击"确定"按钮，关闭对话框，单元格编辑结果如图 7-144 所示。

（10）单元递增

"单元递增"命令可将选定的单元格内容在同一行或同一列复制。

调用"单元递增"命令的方法如下。

① 屏幕菜单：单击【文字表格】|【单元编辑】|【单元递增】菜单命令。

② 命令行：在命令行中输入 DYDZ，按回车键即可调用"单元递增"命令。

【课堂举例7-45】 递增如图 7-147 所示的单元格

01 单击【文字表格】|【单元编辑】|【单元递增】菜单命令，在命令行中输入 DYDZ，按回车键；选择第一个单元格，如图 7-148 所示。

门窗表

类型	设计编号	洞口尺寸(mm)
平开门	M1	3200X2400
		750X2400
		900X2400
		1100X2400
		2000X2400

门窗表

类型	设计编号	洞口尺寸(mm)
平开门	M1	3200X2400
	M2	750X2400
	M3	900X2400
	M4	1100X2400
	M5	2000X2400

图 7-147   单元格递增

02   点取最后一个单元格，如 7-149 所示。

类型	设计编号	洞口尺寸(mm)
		3200X2400
	点取最后一个单元格<退出>: 459848 16973	750X2400
平开门		900X2400
		1100X2400
		2000X2400

图 7-148   选择第一个单元格

类型	设计编号	洞口尺寸(mm)
		3200X2400
		750X2400
平开门		900X2400
		1100X2400
		2000X2400
	点取最后一个单元格<退出>: 160399	

图 7-149   点取最后一个单元格

03   单元递增的结果如图 7-147 所示。

(11) 单元复制

"单元复制"命令可将选定的单元格内容复制到目标单元格。

调用"单元复制"命令的方法如下。

① 屏幕菜单：单击【文字表格】|【单元编辑】|【单元复制】菜单命令。

② 命令行：在命令行中输入 DYFZ，按回车键即可调用"单元复制"命令。

【课堂举例 7-46】   复制如图 7-150 所示的单元格

门窗表

类型	设计编号	洞口尺寸(mm)
平开门	M1	3200X2400
	M2	750X2400
	M3	900X2400
	M4	1100X2400
	M5	2000X2400

门窗表

类型	设计编号	洞口尺寸(mm)
平开门	M1	3200X2400
	M2	750X2400
	M3	900X2400
	M4	1100X2400
	M5	3200X2400

图 7-150   单元格复制

01   单击【文字表格】|【单元编辑】|【单元复制】菜单命令，在命令行中输入 DYFZ，按回车键；选择拷贝源单元格，如图 7-151 所示。

02　点取目标单元格，如图 7-152 所示。

类型	设计编号	洞口尺寸(mm)
	M1	
	M2	750X2400
平开门	M3	900X2400
	M4	1100X2400
	M5	

图 7-151　选择拷贝源单元格　　　　图 7-152　点取目标单元格

03　单元复制的结果如图 7-150 所示。

（12）单元累加

"单元累加"命令可累加列或行的数值。

调用"单元累加"命令的方法如下。

① 屏幕菜单：单击【文字表格】|【单元编辑】|【单元累加】菜单命令。

② 命令行：在命令行中输入 DYLJ，按回车键即可调用"单元累加"命令。

【课堂举例 7-47】　累加如图 7-153 所示的单元格

门窗表

类型	设计编号	洞口尺寸(mm)	数量
	C1	1500X1800	1
普通窗	C2	1800X1800	2
	C3	1000X1800	1
凸窗	C4	1800X1900	1
总计			

门窗表

类型	设计编号	洞口尺寸(mm)	数量
	C1	1500X1800	1
普通窗	C2	1800X1800	2
	C3	1000X1800	1
凸窗	C4	1800X1900	1
总计			5

图 7-153　单元格累加

01　单击【文字表格】|【单元编辑】|【单元累加】菜单命令，在命令行中输入 DYLJ，按回车键；选择第一个要累加的单元格，如图 7-154 所示。

02　点取最后一个要累加的单元格，如图 7-155 所示。

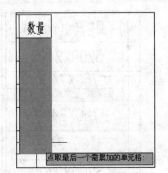

图 7-154　选择第一个要累加的单元格　　　　图 7-155　点取最后一个要累加的单元格

03   点取存放累加结果的单元格，如图 7-156 所示。

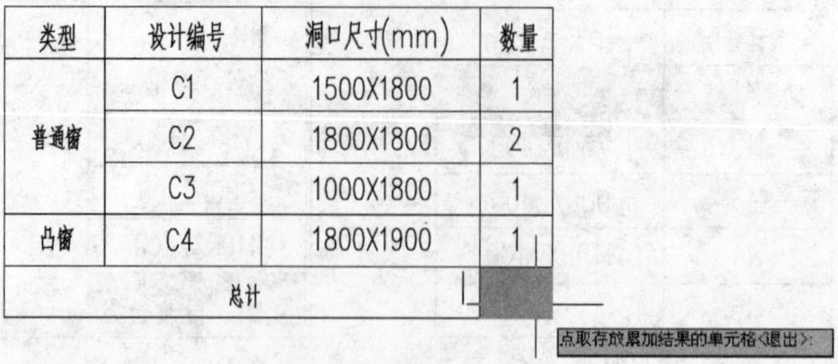

类型	设计编号	洞口尺寸(mm)	数量
普通窗	C1	1500X1800	1
	C2	1800X1800	2
	C3	1000X1800	1
凸窗	C4	1800X1900	1
总计			

点取存放累加结果的单元格<退出>:

图 7-156   点取结果

04   单元格累加结果如图 7-153 所示。

（13）单元合并

"单元合并"命令可将所选的单元格进行合并。

调用"单元合并"命令的方法如下。

① 屏幕菜单：单击【文字表格】|【单元编辑】|【单元合并】菜单命令。

② 命令行：在命令行中输入 DYHB，按回车键即可调用"单元合并"命令。

【课堂举例 7-48】合并如图 7-157 所示的单元格

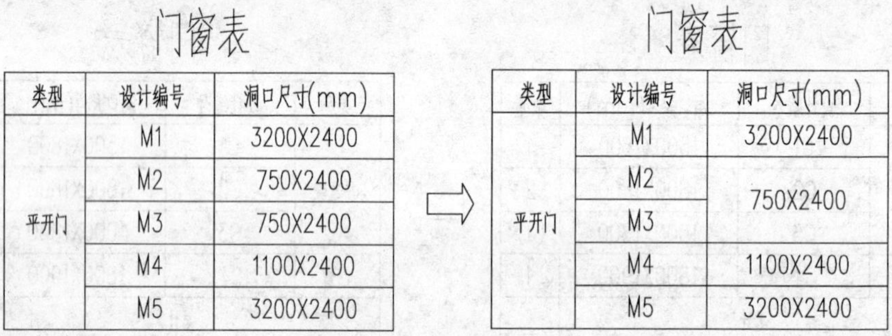

门窗表

类型	设计编号	洞口尺寸(mm)
平开门	M1	3200X2400
	M2	750X2400
	M3	750X2400
	M4	1100X2400
	M5	3200X2400

门窗表

类型	设计编号	洞口尺寸(mm)
平开门	M1	3200X2400
	M2	750X2400
	M3	
	M4	1100X2400
	M5	3200X2400

图 7-157   单元格合并

01   单击【文字表格】|【单元编辑】|【单元合并】菜单命令，在命令行中输入 DYHB，按回车键；点取第一个角点，如图 7-158 所示。

02   点取另一个角点，如图 7-159 所示。

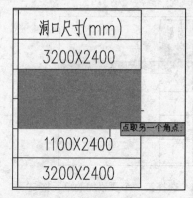

洞口尺寸(mm)
3200X2400
750X2400
点取第一个角点: 465163
750X2400
1100X2400
3200X2400

图 7-158   点取第一个角点

洞口尺寸(mm)
3200X2400
点取另一个角点:
1100X2400
3200X2400

图7-159   点取另一个角点

03　单元格合并结果如图 7-157 所示。

（14）撤销合并

"撤销合并"命令可将已合并的单元恢复到合并前的状态。

调用"撤销合并"命令的方法如下。

① 屏幕菜单：单击【文字表格】|【单元编辑】|【撤销合并】菜单命令。

② 命令行：在命令行中输入 CXHB，按回车键即可调用"撤销合并"命令。

（15）单元插图

"单元插图"命令可将指定的图块插入到选定的单元格中。

调用"单元插图"命令的方法如下。

① 屏幕菜单：单击【文字表格】|【单元编辑】|【单元插图】菜单命令。

② 命令行：在命令行中输入 DYCT，按回车键即可调用"单元插图"命令。

【课堂举例 7-49】　为如图 7-160 所示的单元格插入立面窗

门窗表

类型	设计编号	洞口尺寸(mm)	立面图例
普通窗	C1	1500X1800	
	C2	1800X1800	

图 7-160　单元格插入立面窗

01　单击【文字表格】|【单元编辑】|【单元插图】菜单命令，在命令行中输入 DYCT，按回车键；在弹出的【单元插图】对话框中单击"从图库中选"按钮，如图 7-161 所示。

02　在弹出的【天正图库管理系统】对话框中选择立面窗样式，如图 7-162 所示。

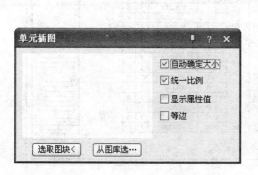

图 7-161　【单元插图】对话框

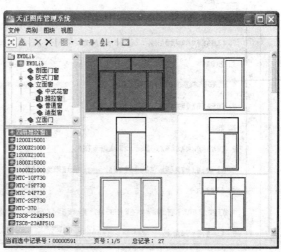

图 7-162　【天正图库管理系统】对话框

03　点取插入的单元格，如图 7-163 所示。

04　图例的插入结果如 7-164 所示。

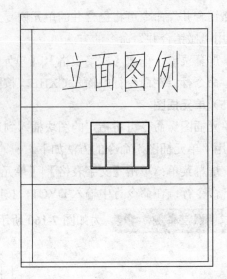

图 7-163　点取插入的单元格　　　　　　　　图 7-164　插入结果

05　沿用同样的方法，插入其他立面窗的图例，结果如 7-160 所示。

7.2.4　典型实例——创建工程设计说明

根据本小节所学习的知识，绘制如图 7-165 所示的工程设计说明。

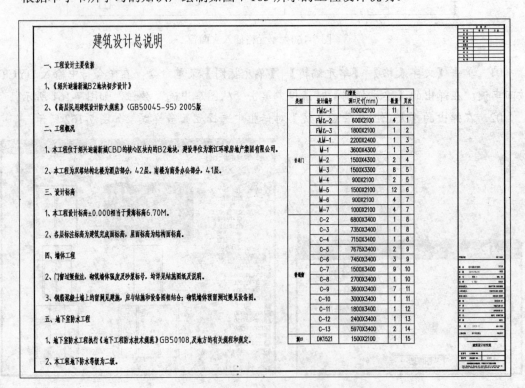

图 7-165　工程设计说明

01 单击【文字表格】|【单行文字】菜单命令，或在命令行中输入 DHWZ，按回车键；弹出【单行文字】对话框中设置参数，如图 7-166 所示。

02 点取单行文字的插入位置，创建结果如图 7-167 所示。

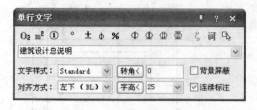

图 7-166 设置参数 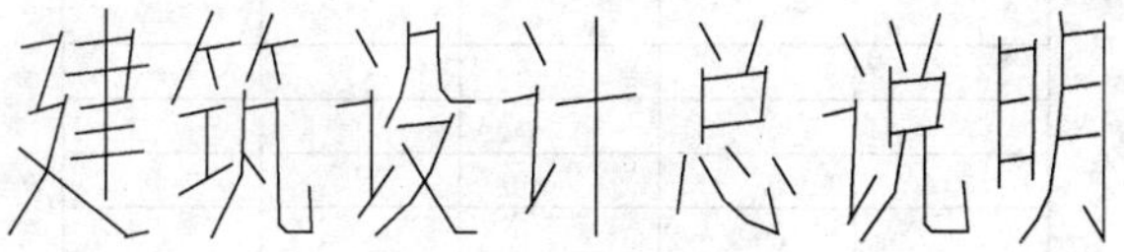　　　　　　图 7-167 创建结果

03 单击【文字表格】|【多行文字】菜单命令，或单击工具栏中的"多行文字"按钮字；在弹出【多行文字】对话框中设置参数，如图 7-168 所示。

04 单击"确定"按钮，在绘图区中点取文字的插入位置，完成多行文字的创建如图 7-169 所示。

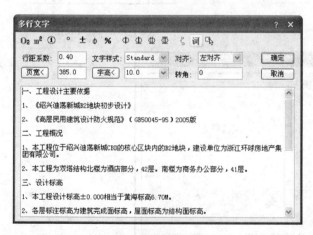

图 7-168 设置参数 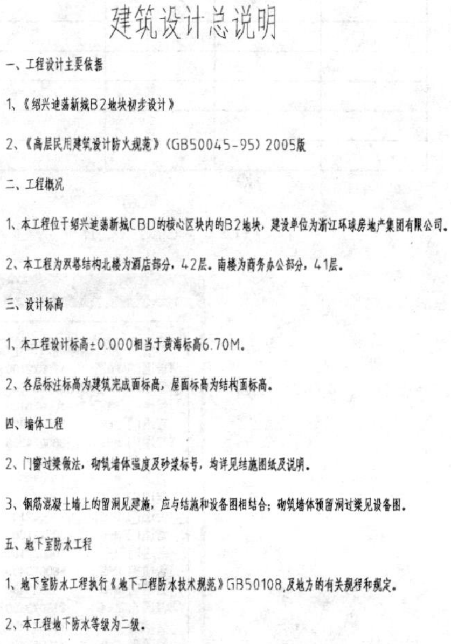　　　　　　图 7-169 创建多行文字

05 单击【文字表格】|【新建表格】菜单命令，或者在命令行中输入 XJBG，按回车键；在弹出的【新建表格】对话框中设置参数，如图 7-170 所示。

06 单击"确定"按钮，在绘图区中点取表格的左上角点，创建表格的结果如图 7-171 所示。

07 调用"单元合并"命令和"夹点编辑"命令，编辑表格的结果如图 7-172 所示。

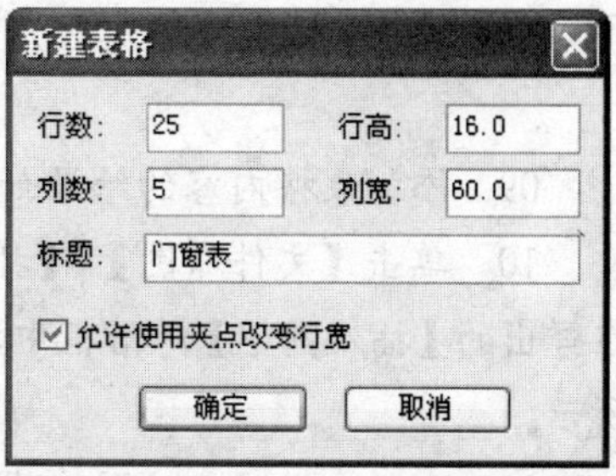

08 单击【文字表格】|【表格编辑】|【全屏编辑】菜单命令，在弹出的【表格内容】对话框中输入表格的内容，如图 7-173 所示；单击"确定"

图 7-170 设置参数

按钮，即可关闭对话框。

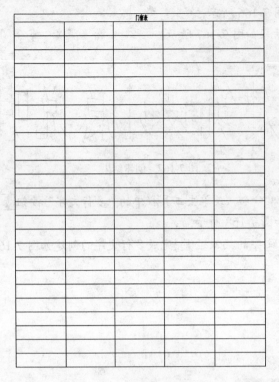

图 7-171　创建表格

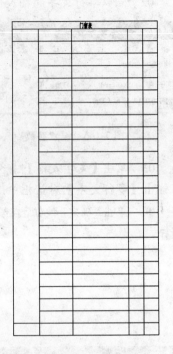

图 7-172　编辑表格

图 7-173　输入表格内容

09　添加表格内容的结果如图 7-174 所示。

10　单击【文件布图】|【插入图框】菜单命令，或者在命令行输入 CRTK，按回车键；在弹出的【插入图框】对话框中勾选 "直接插图框" 选项，并单击后面的按钮🔳，如图 7-175 所示。

11　在弹出的【天正图库管理系统】对话框中选择图框样式，如图 7-176 所示。

12　双击图框样式图标，返回【插入图框】对话框，单击 "插入" 按钮，结果如图 7-177 所示。

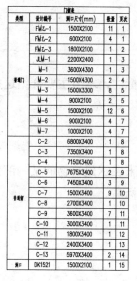
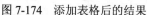

图 7-174　添加表格后的结果　　　　　　图 7-175　【插入图框】对话框

13　双击图框右下角的标题栏，在弹出的【增强属性编辑器】对话框中修改参数，如图 7-178 所示。

14　依次单击要修改的标题栏进行修改，最终结果如图 7-179 所示。

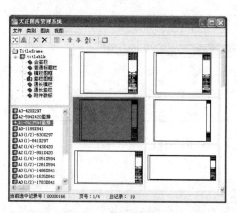

图 7-176　选择图框样式　　　　　　　　图 7-177　插入图框

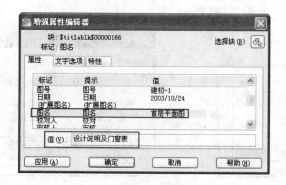

图 7-178　修改参数　　　　　　　　　　图 7-179　最终结果

7.3 符号标注

天正建筑提供了主要包括坐标、标高、剖切符号等的符号标注，本节主要介绍这些符号的创建及编辑方法。

7.3.1 坐标和标高

坐标标注用于表示某个点在平面图中的位置。标高标注用来表示建筑物的某一部位相对于基准面即标高的零点的竖向高度，可以分为绝对标高和相对标高。

（1）坐标标注

"坐标标注"命令可以在平面图中标注指定点的坐标值。

调用"坐标标注"命令的方法如下。

① 屏幕菜单：单击【符号标注】|【坐标标注】菜单命令。

② 命令行：在命令行中输入 ZBBZ，按回车键即可调用"坐标标注"命令。

【课堂举例 7-50】 标注如图 7-180 所示的坐标标注

01 单击【符号标注】|【坐标标注】菜单命令，在命令行中输入 ZBBZ，按回车键；点取标注点，如图 7-181 所示。

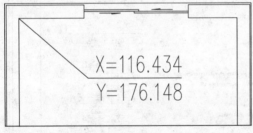

图 7-180　坐标标注   图 7-181　点取标注点

02 点取标注方向，如图 7-182 所示。

03 坐标标注的结果如图 7-180 所示。

技巧 调用"坐标标注"命令后，在命令行中输入 S，在打开的【坐标标注】对话框中可以对坐标标注的参数进行设置，如图 7-183 所示。

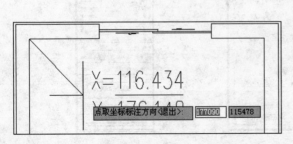

图 7-182　点取标注方向

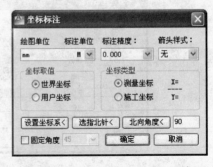

图 7-183　【坐标标注】对话框

（2）坐标检查

"坐标检查"命令可以检查平面图上的坐标标注是否正确，并对错误的坐标标注进行更正。

调用"坐标检查"命令的方法如下。

① 屏幕菜单：单击【符号标注】|【坐标检查】菜单命令。

② 命令行：在命令行中输入 ZBJC，按回车键即可调用"坐标检查"命令。

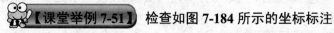【课堂举例 7-51】　检查如图 7-184 所示的坐标标注

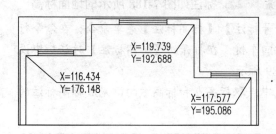
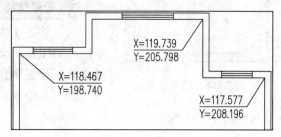

图 7-184　坐标标注检查

01　单击【符号标注】|【坐标检查】菜单命令，在命令行中输入 ZBJC，按回车键；在打开的【坐标检查】对话框中设置参数后，单击"确定"按钮，如图 7-185 所示。

02　选择待检查的坐标，如图 7-186 所示，按回车键。

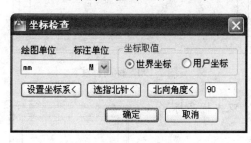
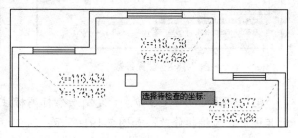

图 7-185　【坐标检查】对话框　　　　　图 7-186　选择坐标

03　系统提示发现错误坐标，选择"全部纠正"选项，如图 7-187 所示。

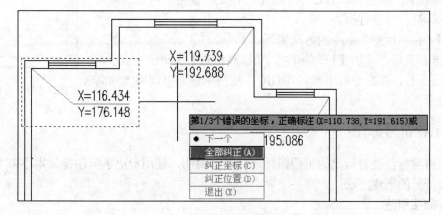

图 7-187　选择"全部纠正"选项

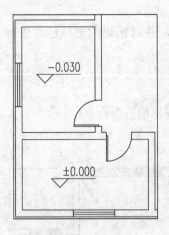

图 7-188 标高标注

结果如图 7-190 所示。

（3）标高标注

"标高标注"命令不但可标注平面图的标高，还可以标注立剖面图的楼面标高、总图的地坪标高等。

调用"标高标注"命令的方法如下。

① 屏幕菜单：单击【符号标注】|【标高标注】菜单命令。

② 命令行：在命令行中输入 BGBZ，按回车键即可调用"标高标注"命令。

【课堂举例 7-52】 标注如图 7-188 所示的地面标高

01   单击【符号标注】|【标高标注】菜单命令，在命令行中输入 BGBZ，按回车键；在打开的【标高标注】对话框中设置参数，如图 7-189 所示。

02   在绘图区中点取标高点和标高方向，完成标高标注的

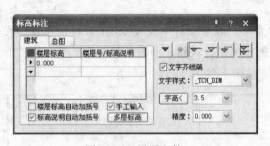

图 7-189 设置参数

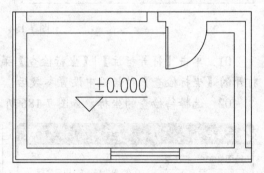

图 7-190 标高标注

03   调用 COPY/CO 命令，复制一个标高标注；双击标高标注，对其进行在位编辑修改，如图 7-191 所示。

04   按回车键，完成标高标注的修改，如图 7-188 所示。

（4）标高检查

"标高检查"命令可以通过一个给定的标高为参考，对立剖面图中的其他标高符号进行检查。

调用"标高检查"命令的方法如下。

① 屏幕菜单：单击【符号标注】|【标高检查】菜单命令。

② 命令行：在命令行中输入 BGJC，按回车键即可调用"标高检查"命令。

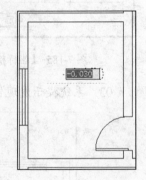

图 7-191 在位修改

7.3.2 工程符号标注

工程符号标注能对指定的工程图样进行设计说明，使用户更了解图样。本小节主要介绍各种工程符号的创建方法。

（1）箭头引注

"箭头引注"命令可以绘制带有箭头、引线及标注文字的标注。

调用"箭头引注"命令的方法如下。

① 屏幕菜单：单击【符号标注】|【箭头引注】菜单命令。

② 常用工具栏：单击工具栏上的"箭头引注"按钮 。

③ 命令行：在命令行中输入 JTYZ，按回车键即可调用"箭头引注"命令。

【课堂举例7-53】 添加如图 **7-192** 所示的箭头引注

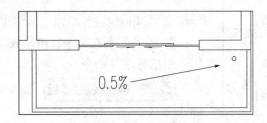

图 7-192 箭头引注

01 单击【符号标注】|【标高标注】菜单命令，在命令行中输入 BGBZ，按回车键；在
打开的【标高标注】对话框中设置参数，如图 7-193 所示。

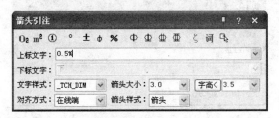

图 7-193 设置参数

02 指定箭头的起点，如图 7-194 所示。

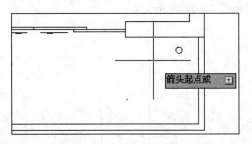

图 7-194 指定箭头起点

03 指定直段下一点，如图 7-195 所示；按回车键，完成阳台的坡度标注，如图 7-192
所示。

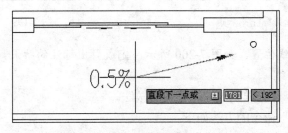

图 7-195 指定直段下一点

（2）引出标注

"引出标注"命令可在施工图中为指定的标注点添加说明性的文字。

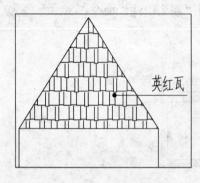

图 7-196　引出标注

调用"引出标注"命令的方法如下。

① 屏幕菜单：单击【符号标注】|【引出标注】菜单命令。

② 常用工具栏：单击工具栏上的"引出标注"按钮 。

③ 命令行：在命令行中输入 YCBZ，按回车键即可调用"引出标注"命令。

【课堂举例 7-54】 添加如图 7-196 所示的引出标注

01　单击【符号标注】|【引出标注】菜单命令，在命令行中输入 YCBZ，按回车键；在打开的【引出标注】对话框中设置参数，如图 7-197 所示。

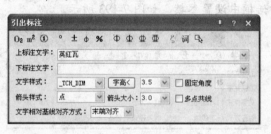

图 7-197　设置参数

02　选择标注第一点，如图 7-198 所示。

03　输入引线位置，如图 7-199 所示。

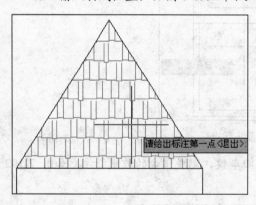

图 7-198　选择标注第一点

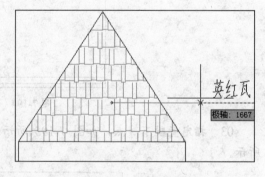

图 7-199　输入引线位置

04　点取文字基线位置，如图 7-200 所示，完成引出标注的结果如图 7-196 所示。

（3）做法标注

"做法标注"命令可在详图上标注工程的做法。

调用"做法标注"命令的方法如下。

① 屏幕菜单：单击【符号标注】|【做法标注】菜单命令。

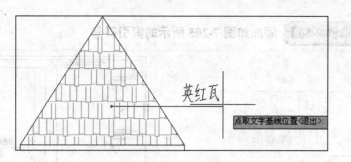

图 7-200 点取文字基线位置

② 常用工具栏：单击工具栏上的"做法标注"按钮。

③ 命令行：在命令行中输入 ZFBZ，按回车键即可调用"做法标注"命令。

【课堂举例 7-55】 添加如图 **7-201** 所示的做法标注

01 单击【符号标注】|【做法标注】菜单命令，在命令行中输入 ZFBZ，按回车键；在打开的【做法标注】对话框中设置参数，如图 7-202 所示。

图 7-201 做法标注

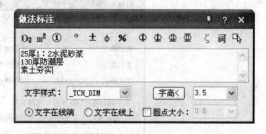

图 7-202 设置参数

02 指定标注的第一点，如图 7-203 所示。

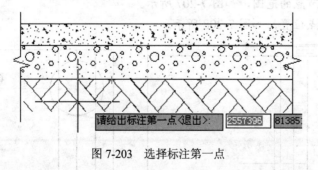

图 7-203 选择标注第一点

03 指定文字基线方向和长度，如图 7-204 所示，标注结果如图 7-201 所示。

（4）索引符号

"索引符号"命令可为图中另有详图的其中一部分标注索引号，使用户明确地知道该详图位于哪张图上。

调用"索引符号"命令的方法如下。

① 屏幕菜单：单击【符号标注】|【索引符号】菜单命令。

② 常用工具栏：单击工具栏上的"索引符号"按钮。

③ 命令行：在命令行中输入 SYFH，按回车键即可调用"索引符号"命令。

 【课堂举例 7-56】 添加如图 **7-205** 所示的索引符号

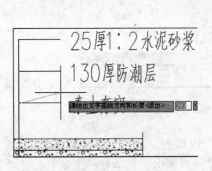

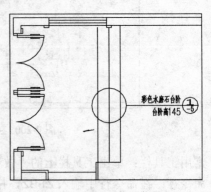

图 7-204   指定文字基线方向和长度   图 7-205   索引符号

01   单击【符号标注】|【索引符号】菜单命令，在命令行中输入 SYFH，按回车键；在打开的【索引符号】对话框中设置参数，如图 7-206 所示。

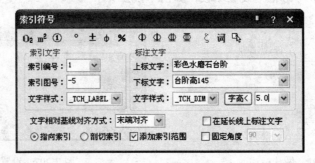

图 7-206   设置参数

02   指定索引节点的范围，如图 7-207 所示。

03   指定转折点位置，如图 7-208 所示。

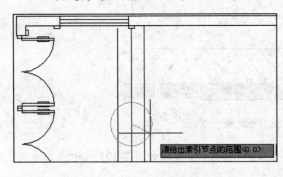

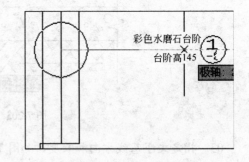

图 7-207   指定索引节点的范围   图 7-208   指定转折点位置

04   分别指定文字索引号的位置和索引节点的位置，完成索引符号的绘制，结果如图 7-205 所示。

（5）索引图名

使用"索引图名"命令可以为详图标注图名。

调用"索引图名"命令的方法如下。

① 屏幕菜单：单击【符号标注】|【索引图名】菜单命令。

② 命令行：在命令行中输入 SYTM，按回车键即可调用"索引图名"命令。

【课堂举例 7-57】 标注如图 7-209 所示的详图索引图名

01　单击【符号标注】|【索引图名】菜单命令，在命令行中输入 SYTM，按回车键；根据命令行的提示输入相应的参数，如图 7-210 所示。

02　索引图名的绘制结果如图 7-209 所示。

（6）剖面剖切

"剖面剖切"命令可以绘制符合国标标准的剖切符号，使用该剖切符号可以生成建筑剖面图。

调用"剖面剖切"命令的方法如下。

① 屏幕菜单：单击【符号标注】|【剖面剖切】菜单命令。

② 命令行：在命令行中输入 PMPQ，按回车键即可调用"剖面剖切"命令。

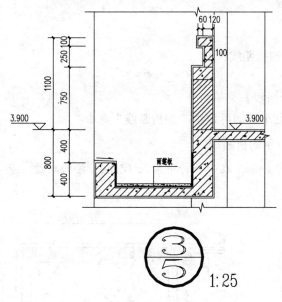

```
命令: SYTM
T81 TINDEXDIM
请输入被索引的图号 (-表示在本图内) <5>: 5
请输入索引编号 <3>: 3
请输入比例 (-表示不绘制) 1:<25>:25
请点取标注位置<退出>:
```

图 7-209　索引图名　　　　　　　　　　　　图 7-210　输入参数

【课堂举例 7-58】 添加如图 7-211 所示的剖面剖切符号

01　单击【符号标注】|【剖面剖切】菜单命令，在命令行中输入 PMPQ，按回车键。

02　根据命令行的提示输入剖切编号，分别点取剖切点和剖切方向，绘制剖切符号的结果如图 7-211 所示。

（7）断面剖切

"断面剖切"命令可以绘制符合国标标准的剖切符号，使用该剖切符号也可生成建筑剖面图。

调用"断面剖切"命令的方法如下。

① 屏幕菜单：单击【符号标注】|【断面剖切】菜单命令。

② 命令行：在命令行中输入 DMPQ，按回车键即可调用"断面剖切"命令。

【课堂举例 7-59】 添加如图 7-212 所示的断面剖切符号

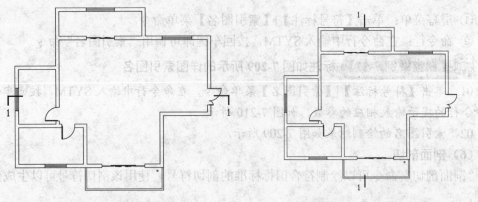

图 7-211　剖面剖切符号　　　　　　　图 7-212　断面剖切符号

01　单击【符号标注】|【断面剖切】菜单命令，在命令行中输入 DMPQ，按回车键。

02　根据命令行的提示输入剖切编号，分别点取剖切点和剖切方向，绘制剖切符号的结果如图 7-212 所示。

（8）加折断线

"加折断线"命令可以绘制符合制图规范的折断线。

调用"加折断线"命令的方法如下。

① 屏幕菜单：单击【符号标注】|【加折断线】菜单命令。

② 命令行：在命令行中输入 JZDX，按回车键即可调用"加折断线"命令。

【课堂举例 7-60】　添加如图 7-213 所示的折断线。

01　单击【符号标注】|【加折断线】菜单命令，在命令行中输入 JZDX，按回车键；点取折断线起点，如图 7-214 所示。

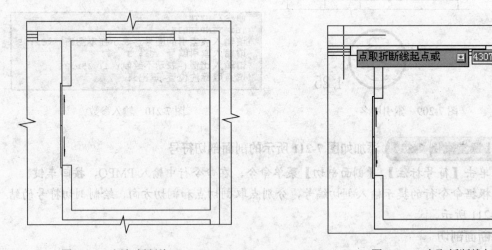

图 7-213　添加折断线

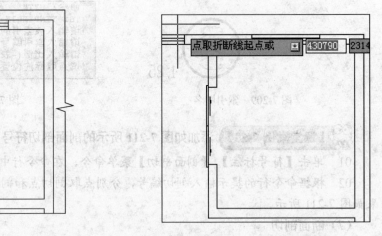

图 7-214　点取折断线起点

02　点取折断线终点后，选择保留范围，如图 7-215 所示。

03　切割线的绘制结果如图 7-216 所示。

04　双击折断线，在弹出的【编辑切割线】对话框中单击"设折断点"按钮，如图 7-217 所示。

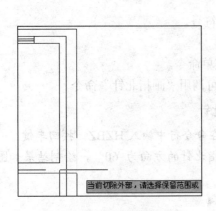

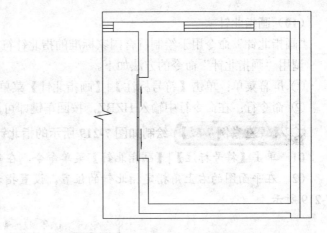

图 7-215　选择保留范围　　　　　　　　　　图 7-216　绘制结果

05 分别单击需要添加折断点的切割线,完成折断
线的绘制如图 7-213 所示。

(9) 画对称轴

"画对称轴"命令可在施工图上绘制对称轴。

调用"画对称轴"命令的方法如下。

① 屏幕菜单:单击【符号标注】|【画对称轴】菜单
命令。

② 命令行:在命令行中输入 HDCZ,按回车键即可
调用"画对称轴"命令。

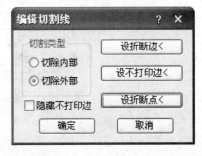

图 7-217　【编辑切割线】对话框

【课堂举例 7-61】 绘制如图 **7-218** 所示的对称轴

01 单击【符号标注】|【画对称轴】菜单命令,在命令行中输入 HDCZ,按回车键。

02 分别点取对称轴的起点和终点,绘制结果如图 **7-218** 所示。

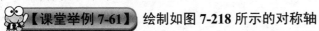

图 7-218　画对称轴

（10）画指北针

"画指北针"命令用于绘制符合国家标准的指北针符号。

调用"画指北针"命令的方法如下。

① 屏幕菜单：单击【符号标注】|【画指北针】菜单命令。

② 命令行：在命令行中输入 HZBZ，按回车键即可调用"画指北针"命令。

【课堂举例 7-62】 绘制如图 7-219 所示的指北针

01 单击【符号标注】|【画指北针】菜单命令，在命令行中输入 HZBZ，按回车键。

02 在平面图的右上角指定指北针的位置，设置指北针的方向为 60°，绘制结果如图 7-219 所示。

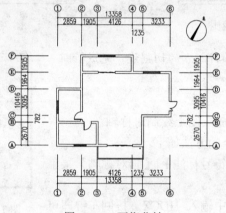

图 7-219   画指北针

（11）图名标注

"图名标注"命令可以绘制指定图形的图名和比例。

调用"图名标注"命令的方法如下。

① 屏幕菜单：单击【符号标注】|【图名标注】菜单命令。

② 命令行：在命令行中输入 TMBZ，按回车键即可调用"图名标注"命令。

【课堂举例 7-63】 添加如图 7-220 所示的图名标注

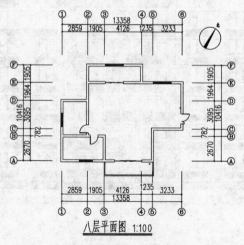

八层平面图 1:100

图 7-220   图名标注

01　单击【符号标注】|【图名标注】菜单命令，在命令行中输入 TMBZ，按回车键；在弹出的【图名标注】对话框中设置参数，如图 7-221 所示。

图 7-221　设置参数

02　在平面图的下方点取插入位置，即可完成图名标注的绘制，如图 7-220 所示。

7.4　典型实例——创建某建筑平面图的工程符号

综合前面所学习的知识，绘制如图 7-222 所示的建筑平面图的工程符号。

01　按组合键 Ctrl+O，打开"建筑平面图尺寸标注.dwg"文件，如图 7-223 所示。

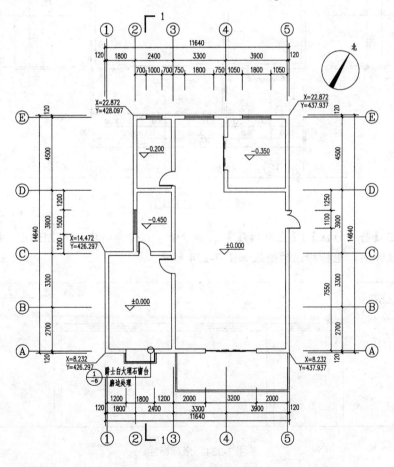

某住宅户型平面图 1:100

图 7-222　绘制结果

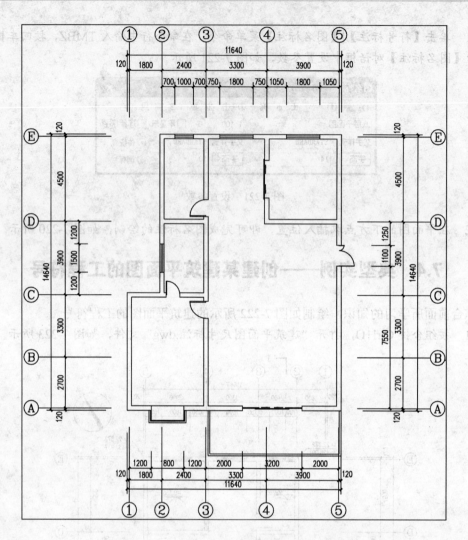

图 7-223　打开文件

02　单击【符号标注】|【坐标标注】菜单命令，在命令行中输入 ZBBZ，按回车键；点取标注和标注方向，坐标标注的结果如图 7-224 所示。

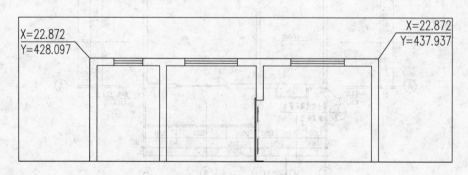

图 7-224　坐标标注

03　重复相同的操作，平面图坐标标注的结果如图 7-225 所示。

04　单击【符号标注】|【标高标注】菜单命令，在命令行中输入 BGBZ，按回车键；在

打开的【标高标注】对话框中设置参数，如图 7-226 所示。

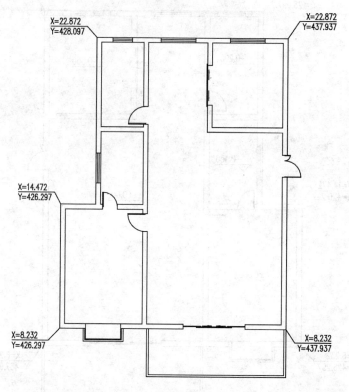

图 7-225 标注结果

05 在绘图区中点取标高点和标高方向，完成标高标注的结果如图 7-227 所示。

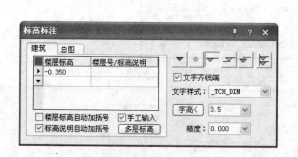

图 7-226 设置参数

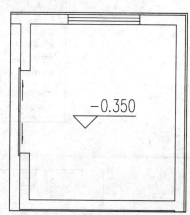

图 7-227 标高标注

06 在【标高标注】对话框中修改标高参数，完成平面图的标高标注如图 7-228 所示。

07 单击【符号标注】|【索引符号】菜单命令，在命令行中输入 SYFH，按回车键；在打开的【索引符号】对话框中设置参数，如图 7-229 所示。

08 根据命令行的提示面绘制索引符号，结果如图 7-230 所示。

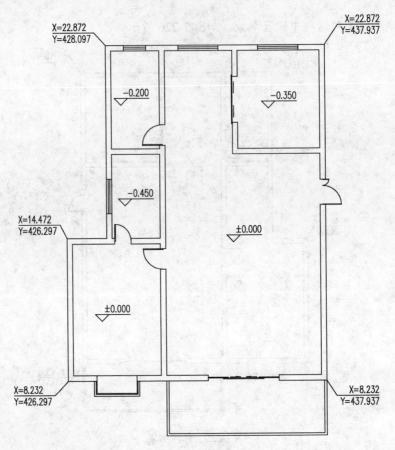

图 7-228   标注结果

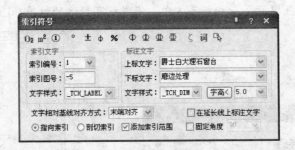

图 7-229   设置参数

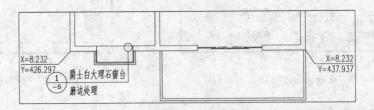

图 7-230   绘制索引符号

09   单击【符号标注】|【剖面剖切】菜单命令，在命令行中输入 PMPQ，按回车键；根据命令行的提示输入剖切编号，分别点取剖切点和剖切方向，绘制剖切符号的结果如图 7-231所示。

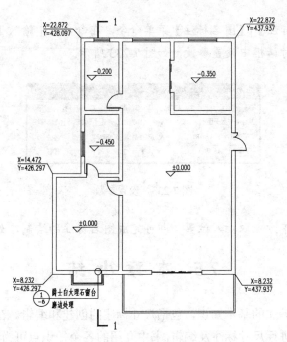

图 7-231　绘制剖切符号

10　单击【符号标注】|【画指北针】菜单命令，在命令行中输入 HZBZ，按回车键；在平面图的右上角指定指北针的位置，设置指北针的方向为 60°，绘制结果如图 7-232 所示。

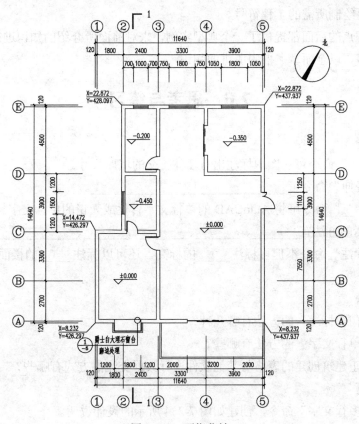

图 7-232　画指北针

11 单击【符号标注】|【图名标注】菜单命令,在命令行中输入 TMBZ,按回车键;在弹出的【图名标注】对话框中设置参数,如图 7-233 所示。

图 7-233 设置参数

12 在平面图的下方点取插入位置,即可完成图名标注的绘制,如图 7-222 所示。

7.5 本 章 小 结

本章介绍了尺寸标注的基本知识,包括尺寸标注的创建和编辑。在绘图建筑施工图的过程中需要对各种图形进行尺寸标注及编辑,书中介绍的各个知识点可为读者提供参考和学习。

在施工图的适当位置添加文字,可让读图者更加明确图纸所要表达的信息。而表格则以列表的形式直观的提供了诸如门窗等的参数,读者可参考书中所列举的实例来进行练习。

施工图中的工程符号可以精确的表示建筑物的尺寸,比如坐标尺寸、标高尺寸等,在绘制详图的时候要绘制所需的工程符号。

在每个知识点的后面都提供了一个典型实例,来对前面所介绍的知识进行概括总结。希望读者加强练习,以全面掌握书中所讲的知识。

7.6 思考与练习

一、填空题

1. "_____"命令可在图中标注出与墙体正交的墙厚尺寸。

2. "剪裁延伸"命令可_____。

3. "_____"命令可将 AutoCAD 的单行文字转化成天正的单行文字。

4. 表格编辑的方法有_____、_____、_____、_____、_____、_____、_____。

5. "标高标注"命令不但可标注_____的标高,还可以标注_____的楼面标高、_____的地坪标高等。

二、问答题

1. 调用"门窗标注"的方法有哪几种?

2. 调用"单行文字"的方法有哪些?

3. 使用天正建筑创建的表格与其他软件进行数据交流的方式有哪些?

三、操作题

1. 调用"多行文字"命令,创建如图 7-234 所示的设计说明。

一、工程概况

金泉写字楼（以下简称大楼），位于福州市湖东路与金泉路的交叉路口，省国土资源局办公大楼的北面。基地位置突出，该地段是福州的金融商务中心区，软硬件条件优越，交通便利。

二、设计依据

1、甲方——某写字楼的方案委托协议书； 2、采用设计标准及技术规范：《民用建筑设计通则》；《高层民用建筑设计防火规范》；

三、建筑设计构思

由于地处福州市的金融商务中心区，地段位置重要，建筑的个性要明显，但又不能过于张扬，必须与周边的建筑环境相融合，并符合城市规划部门对城市空间的要求。

图 7-234 设计说明

2. 为某户型平面图添加符号标注，结果如图 7-235 所示。

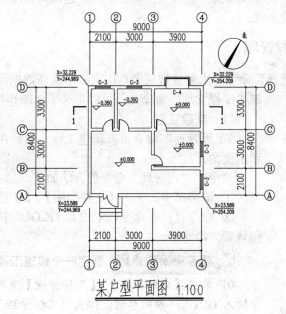

图 7-235 符号标注

第8章 绘制立面图和剖面图

建筑立面图是表现建筑物外墙面的正投影图，用来表达建筑物的立面设计细节；建筑剖面图是将建筑物于垂直方向剖切得到的正投影图，用来反映建筑内部构造细节。天正立剖面图形是通过平面图构件中的三维信息进行消隐获得的纯粹二维图形。本章将讲解立面图和剖面图的生成方法，以及立面图中门窗、阳台、屋顶和剖面图中檐口、过梁、楼梯等构件的绘制方法。

8.1 建筑立面图

建筑立面图主要反映建筑物的外观和风格特征，天正建筑可自动生成建筑立面图。本节介绍绘制建筑立面图的步骤。

8.1.1 楼层表与工程管理

可以调用"工程管理"命令，来创建楼层表，用来表示层高数据及自然层号。此外，通过"工程管理"命令，还可以定义平面图和楼层表之间的关系。

（1）新建工程

"工程管理"命令可以新建工程，然后在此基础上生成立面图和剖面图。

调用"工程管理"命令的方法如下。

① 屏幕菜单：单击【文件布图】|【工程管理】菜单命令。

② 命令行：在命令行中输入 GCGL，按回车键即可调用"工程管理"命令。

【课堂举例 8-1】 新建一个建筑工程

01 单击【文件布图】|【工程管理】菜单命令，或在命令行中输入 GCGL，按回车键；弹出"工程管理"面板，在工程管理的下拉列表中选择"新建工程"选项，如图 8-1 所示。

图 8-1 "工程管理"面板

02 在打开的【另存为】对话框中输入工程的名称，单击"保存"按钮，如图 8-2 所示。

03 新建工程的结果如图 8-3 所示。

（2）添加图纸

创建新工程后，要将绘制完成的图纸添加到新工程中。

图 8-2 【另存为】对话框

图 8-3 新建工程

【课堂举例 8-2】 添加建筑平面图到新建工程

01 打开"工程管理"面板，在"图纸"选项栏中的"平面图"选项上，单击鼠标右键，在下拉菜单中选择"添加图纸选项"如图 8-4 所示。

02 打开【选择图纸】对话框，选择平面图文件，单击"打开"按钮，如图 8-5 所示。

03 添加图纸的结果如图 8-6 所示。

图 8-4 添加图纸   图 8-5 【选择图纸】对话框   图 8-6 添加图纸结果

（3）设置楼层表

在"工程管理"面板中设置层高和层号，在此基础上生成立面图和剖面图。

【课堂举例 8-3】 设置工程楼层表

01 打开"工程管理"面板，在"楼层"选项栏中输入层高和层号，如图 8-7 所示；将光标定位在"文件"列中。

02 单击"框选楼层范围"按钮 ，在绘图区中框选一层平面图，单击 A 轴线和 1 轴线的交点为对齐点，如图 8-8 所示。

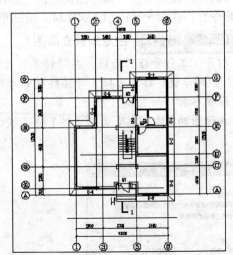

图 8-7 输入结果   图 8-8 框选平面图

03 设置楼层表的结果如图 8-9 所示。

04 使用同样的方法，设置其他楼层表，结果如图 8-10 所示。

图 8-9   设置楼层表

图 8-10   设置结果

提示
　　对齐点可用来对各层平面图进行对齐，是各层平面图作为图块插入的基点。通常使用开间和进深方向的第一条轴线的交点作为对齐点，例如本例中使用的 A 轴线和 1 轴线的交点。

注意
　　创建楼层表时，要按层号和层高来选择相应的楼层，否则生成的立面图会出现错误。

8.1.2   生成建筑立面图

下面介绍在天正建筑中生成立面图和立面构件的方法。

（1）生成立面图

调用"建筑立面"命令的方法如下。

① 屏幕菜单：单击【立面】|【建筑立面】菜单命令。

② 工具栏：在"工程管理"面板中的"楼层"选项栏中单击"建筑立面"按钮 。

③ 命令行：在命令行中输入 JZLM，按回车键即可调用"建筑立面"命令。

【课堂举例 8-4】 生成别墅立面图

01   打开"工程管理"面板，在"楼层"选项栏中单击"建筑立面"按钮 ，在命令行中输入 F，按回车键；接着选择 1 号轴线到 6 号轴线，按回车键；在弹出的【立面生成设置】对话框中设置参数，如图 8-11 所示，单击"生成立面"按钮。

02   在弹出的【输入要生成的文件】对话框中设置文件名，如图 8-12 所示，单击"保存"按钮。

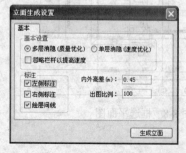
图 8-11   【立面生成设置】对话框

图 8-12   设置文件名

03　生成立面图的效果如图 8-13 所示。

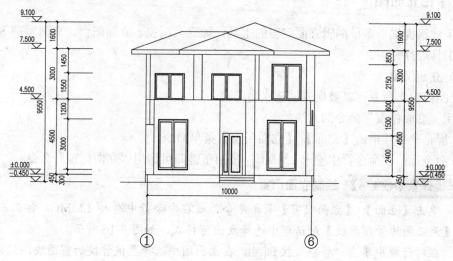

图 8-13　生成立面图

技巧

参考前面的方法，可以生成 L（左立面图）、R（右立面图）、B（背立面图）。生成的立面图往往会有一些错误，需要对图中的某些部分进行修改。

（2）构件立面

"构件立面"命令可以生成选定构件的立面图。

调用"构件立面"命令的方法如下。

① 屏幕菜单：单击【立面】|【构件立面】菜单命令。

② 命令行：在命令行中输入 GJLM，按回车键即可调用"构件立面"命令。

【课堂举例 8-5】　生成构件立面

01　单击【立面】|【构件立面】菜单命令，或在命令行中输入 GJLM，按回车键；输入立面方向 R，如图 8-14 所示。

02　选择要生成立面的构件，在绘图区中点取放置位置，结果如图 8-15 所示。

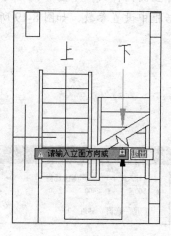

图 8-14　设置楼层表

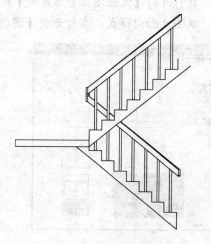

图 8-15　构件立面

8.1.3 深化立面图

天正建筑提供了多种编辑立面门窗的工具，如立面门窗、立面阳台、立面屋顶等，下面对这些工具进行介绍。

（1）立面门窗

"立面门窗"命令可以替换或创建立面门窗。

调用"立面门窗"命令的方法如下。

① 屏幕菜单：单击【立面】|【立面门窗】菜单命令。

② 命令行：在命令行中输入 LMMC，按回车键即可调用"立面门窗"命令。

【课堂举例 8-6】 绘制立面门窗

01 单击【立面】|【立面门窗】菜单命令，或在命令行中输入 LMMC，按回车键；在打开的【天正图库管理系统】对话框中选择立面窗样式，如图 8-16 所示。

02 在对话框中单击"替换"按钮，在立面图中选择要被替换的窗图块，按回车键，完成替换结果如图 8-17 所示。

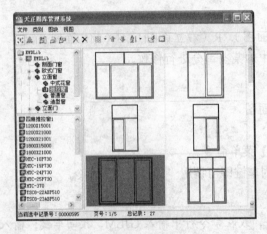

图 8-16 选择立面窗样式   图 8-17 替换结果

03 在打开的【天正图库管理系统】对话框中选择立面门样式，如图 8-18 所示。

04 双击立面门样式，在打开的【图块编辑】对话框中设置参数，如图 8-19 所示。

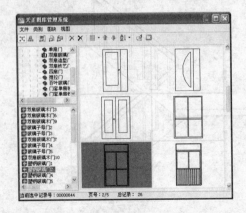

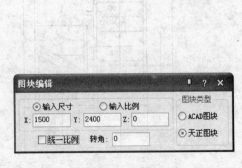

图 8-18 选择立面门样式   图 8-19 设置参数

05 在绘图区中点取图块的插入点，并将原有门图形删除，结果如图 8-20 所示。

（2）立面阳台

"立面阳台"命令可以替换或创建立面阳台。

调用"立面阳台"命令的方法如下。

① 屏幕菜单：单击【立面】|【立面阳台】菜单命令。

② 命令行：在命令行中输入 LMYT，按回车键即可调用"立面阳台"命令。

【课堂举例 8-7】 绘制立面阳台

01 单击【立面】|【立面阳台】菜单命令，或在命令行中输入 LMYT，按回车键；在打开的【天正图库管理系统】对话框中选择立面阳台样式，如图 8-21 所示。

图 8-20 替换结果

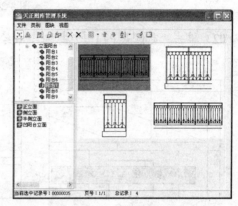

图 8-21 选择立面阳台样式

02 双击立面阳台样式，在打开的【图块编辑】对话框中设置参数，如图 8-22 所示。

03 在绘图区中点取插入点，插入立面阳台的结果如图 8-23 所示。

图 8-22 设置参数

图 8-23 替换结果

（3）立面屋顶

使用"立面屋顶"命令，可以创建多种形式的立面屋顶。

调用"立面屋顶"命令的方法如下。

① 屏幕菜单：单击【立面】|【立面屋顶】菜单命令。

② 命令行：在命令行中输入 LMWD，按回车键即可调用"立面屋顶"命令。

【课堂举例 8-8】 绘制立面屋顶

01 单击【立面】|【立面屋顶】菜单命令，或在命令行中输入 LMWD，按回车键；在

打开的【立面屋顶参数】对话框中设置参数，如图 8-24 所示。

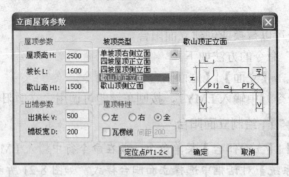

图 8-24　设置参数

02　单击"定位点 PT1—2 按钮"，在绘图区中分别点取墙顶角点 PT1 和 PT2，如图 8-25 所示。

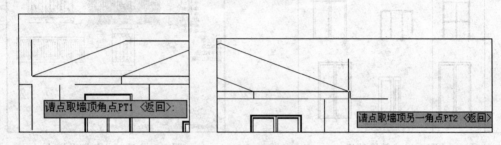

图 8-25　点取墙顶角点

03　返回【立面屋顶参数】对话框，单击"确定"按钮，关闭对话框，将原有屋顶图形删除，结果如图 8-26 所示。

（4）雨水管线

使用"雨水管线"命令，可在立面图中绘制雨水管图形。

调用"雨水管线"命令的方法如下。

① 屏幕菜单：单击【立面】|【雨水管线】菜单命令。

② 命令行：在命令行中输入 YSGX，按回车键即可调用"雨水管线"命令。

【课堂举例 8-9】　绘制别墅雨水管线

01　单击【立面】|【雨水管线】菜单命令，或在命令行中输入 YSGX，按回车键；指定雨水管的起点，如图 8-27 所示。

图 8-26　绘制结果

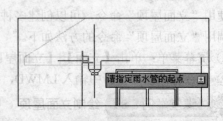

图 8-27　指定起点

02　指定雨水管的终点，如图 8-28 所示。

03　雨水管的绘制结果如图 8-29 所示。

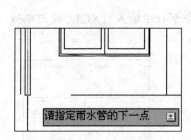

图 8-28　指定终点

图 8-29　绘制结果

（5）柱立面线

使用"柱立面线"命令，可在柱子的立面范围内绘制具有立体感的竖向投影线。

调用"柱立面线"命令的方法如下。

① 屏幕菜单：单击【立面】|【柱立面线】菜单命令。

② 命令行：在命令行中输入 ZLMX，按回车键即可调用"柱立面线"命令。

【课堂举例 8-10】　绘制柱立面线

01　单击【立面】|【柱立面线】菜单命令，或在命令行中输入 ZLMX，按回车键；在命令行提示"输入起始角<180>"、"输入包含角<180>"、"输入立面线数目<12>"时，分别按回车键。

02　指定矩形边界的第一个角点，如图 8-30 所示。

03　指定矩形边界的第二个角点，如图 8-31 所示。

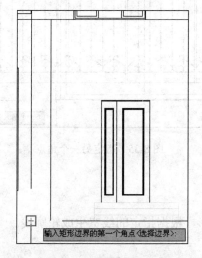

图 8-30　指定第一个角点

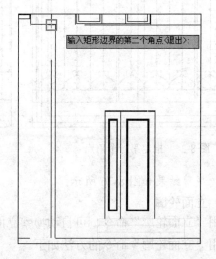

图 8-31　指定第二个角点

04　绘制结果如图 8-32 所示。

（6）图形裁剪

使用"图形裁剪"命令，可将图形中不需要的部分隐藏起来。

调用"图形裁剪"命令的方法如下。

① 屏幕菜单：单击【立面】|【图形裁剪】菜单命令。

② 命令行：在命令行中输入 TXCJ，按回车键即可调用"图形裁剪"命令。

【课堂举例 8-11】 裁剪门窗多余图形

01　单击【立面】|【图形裁剪】菜单命令，或在命令行中输入 TXCJ，按回车键；选择被裁剪的对象，如图 8-33 所示。

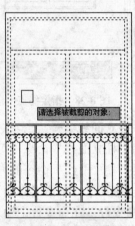

图 8-32　绘制结果　　　　　　　　　　　图 8-33　选择对象

02　指定矩形的第一个角点，如图 8-34 所示。

03　指定矩形的另一个角点，如图 8-35 所示。

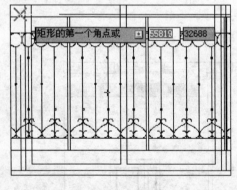

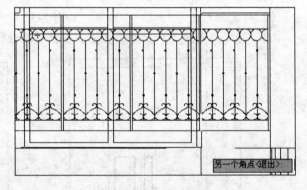

图 8-34　指定第一个角点　　　　　　　　图 8-35　指定另一个角点

04　裁剪结果如图 8-36 所示。

（7）立面轮廓

使用"立面轮廓"命令，可自动搜索立面图形，根据指定的线宽生成轮廓线。

调用"立面轮廓"命令的方法如下。

① 屏幕菜单：单击【立面】|【立面轮廓】菜单命令。

② 命令行：在命令行中输入 LMLK，按回车键即可调用"立面轮廓"命令。

【课堂举例 8-12】 绘制别墅立面轮廓

01　单击【立面】|【立面轮廓】菜单命令，或在命令行中输入 LMLK，按回车键。

02 输入轮廓线宽度为 50，按回车键，即可完成轮廓线的绘制，结果如图 8-37 所示。

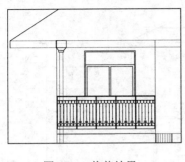

图 8-36　裁剪结果

图 8-37　绘制立面轮廓

8.2　建筑剖面图

在天正建筑软件中，可以通过指定剖切位置来自动生成建筑剖面图或构件剖面图。下面介绍在天正建筑中创建、加深及修饰剖面图的方法。

8.2.1　创建建筑剖面图

在绘制建筑剖面图之前，首先要调用"剖面剖切"命令，在首层平面图的指定位置上绘制剖切符号。在剖切符号绘制完成的基础上，才能生成剖面图。

（1）建筑剖面

调用"建筑剖面"命令的方法如下。

① 屏幕菜单：单击【剖面】|【建筑剖面】菜单命令。

② 工具栏：在"工程管理"面板中的"楼层"选项栏中单击"建筑剖面"按钮图。

③ 命令行：在命令行中输入 JZPM，按回车键即可调用"建筑剖面"命令。

【课堂举例 8-13】 绘制别墅建筑剖面图

01 单击【剖面】|【建筑剖面】菜单命令，或在命令行中输入 JZPM，按回车键；在绘图区中选择剖切线，直接按回车键确认在剖面图上不显示轴线，在弹出的【剖面生成设置】对话框中设置参数，如图 8-38 所示，单击"生成剖面"按钮。

02 在弹出的【输入要生成的文件】对话框中设置文件名，如图 8-39 所示，单击"保存"按钮。

图 8-38　设置参数

图 8-39　设置文件名

03 生成剖面图的结果如图 8-40 所示。

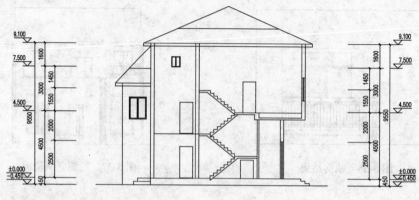

图 8-40　生成剖面图

（2）构件剖面

使用"构件剖面"命令，可生成三维对象在指定的剖视方向上的剖面图。

调用"构件剖面"命令的方法如下。

① 屏幕菜单：单击【剖面】|【构件剖面】菜单命令。

② 命令行：在命令行中输入 GJPM，按回车键即可调用"构件剖面"命令。

【课堂举例 8-14】　绘制构件剖面图

01　单击【立面】|【构件剖面】菜单命令，或在命令行中输入 GJPM，按回车键；在绘图区中选择剖切线，如图 8-41 所示。

02　选择需要剖切的建筑构件，如图 8-42 所示。

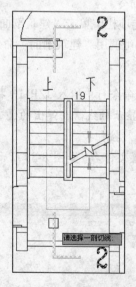

图 8-41　选择剖切线

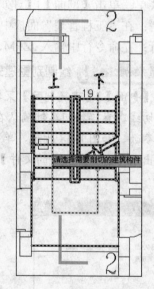

图 8-42　选择建筑构件

03　点取剖面图的放置位置，结果如图 8-43 所示。

提示　与绘制建筑剖面图一样，绘制构件剖面也要事先绘制一条剖切线。

8.2.2　加深剖面图

使用天正建筑软件生成的建筑剖面图与立面图一样，存在或多或少的问题，需要用户在后期对其进行修改更正。天正建筑软件提供了一系列加深剖面图的工具，如绘制剖面墙、绘制双线楼板等，本小节来对这些工具的使用方法进行介绍。

（1）画剖面墙

"画剖面墙"命令可以利用双线在 S_WALL 图层上绘制直墙或者弧墙。

调用"画剖面墙"命令的方法如下。

① 屏幕菜单：单击【剖面】|【画剖面墙】菜单命令。

② 命令行：在命令行中输入 HPMQ，按回车键即可调用"画剖面墙"命令。

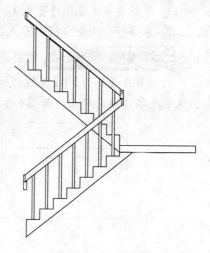

图 8-43　绘制结果

【课堂举例 8-15】　绘制别墅剖面墙

01　单击【立面】|【画剖面墙】菜单命令，或在命令行中输入 HPMQ，按回车键；在绘图区中点取墙的起点，如图 8-44 所示。

02　点取直墙的下一点，完成剖断墙的绘制结果如图 8-45 所示。

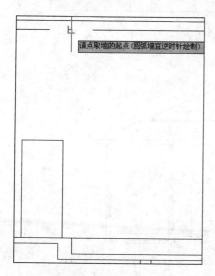

图 8-44　点取起点

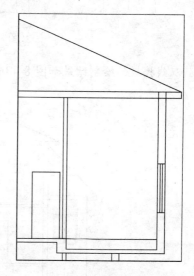

图 8-45　绘制结果

提示　调用"画剖面墙"命令后，在命令行提示"请点取直墙的下一点[弧墙(A)/墙厚(W)/取参照点(F)/回退(U)] <结束>:"时，输入相应的选项，可以绘制弧墙或者设置墙厚值等。

（2）双线楼板

使用"双线楼板"命令，可在剖面图上绘制双线楼板。

调用"双线楼板"命令的方法如下。

① 屏幕菜单：单击【剖面】|【双线楼板】菜单命令。

② 命令行：在命令行中输入 SXLB，按回车键即可调用"双线楼板"命令。

【课堂举例 8-16】 绘制别墅双线楼板

01   单击【立面】|【双线楼板】菜单命令，或在命令行中输入 SXLB，按回车键；在绘图区中点取楼板的起点，如图 8-46 所示。

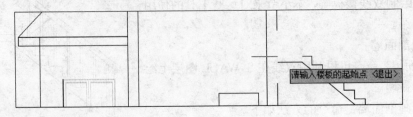

图 8-46   点取起点

02   指定楼板的结束点，如图 8-47 所示。

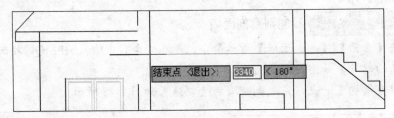

图 8-47   指定结束点

03   双线楼板的绘制结果如图 8-48 所示。

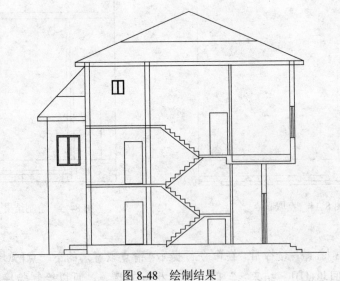

图 8-48   绘制结果

（3）预制楼板

使用"预制楼板"命令，可在剖面图上绘制预制楼板。

调用"预制楼板"命令的方法如下。

① 屏幕菜单：单击【剖面】|【预制楼板】菜单命令。

② 命令行：在命令行中输入 YZLB，按回车键即可调用"预制楼板"命令。

【课堂举例8-17】 绘制别墅预制楼板

01 单击【立面】|【预制楼板】菜单命令，或在命令行中输入 YZLB，按回车键；在弹出的【剖面楼板】参数对话框中设置参数，如图 8-49 所示。

02 点取楼板的插入点，如图 8-50 所示。

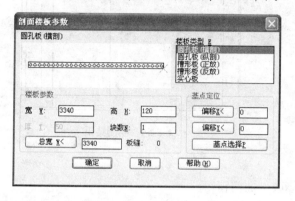

图 8-49 设置参数

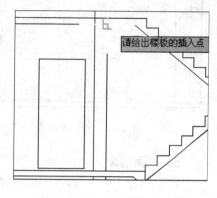

图 8-50 点取插入点

03 点取插入方向，如图 8-51 所示。

04 预制楼板的绘制结果如图 8-52 所示。

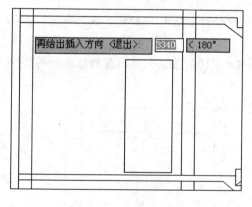

图 8-51 点取插入方向

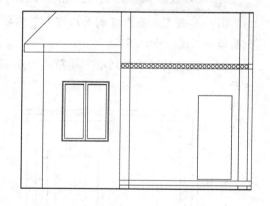

图 8-52 绘制结果

（4）加剖断梁

"加剖断梁"命令，可以在剖面楼板处按指定的尺寸绘制剖断梁图形。

调用"加剖断梁"命令的方法如下。

① 屏幕菜单：单击【剖面】|【加剖断梁】菜单命令。

② 命令行：在命令行中输入 JPDL，按回车键即可调用"加剖断梁"命令。

【课堂举例8-18】 绘制别墅剖断梁

01 单击【立面】|【加剖断梁】菜单命令，或在命令行中输入 JPDL，按回车键；指定剖面梁的参照点，如图 8-53 所示。

02 设置梁左侧到参照点的距离为 0，梁右侧到参照点的距离为 240，梁底边到参照点的距离为 600，绘制剖断梁的结果如图 8-54 所示。

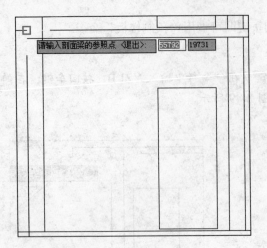

请输入剖面梁的参照点 〈退出〉：55782 19731

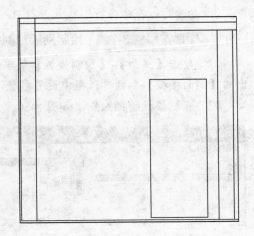

图 8-53　指定参照点　　　　　　　　　　　图 8-54　绘制结果

（5）剖面门窗

"剖面门窗"命令可以绘制、替换或者修改剖面门窗。

调用"剖面门窗"命令的方法如下。

① 屏幕菜单：单击【剖面】|【剖面门窗】菜单命令。

② 命令行：在命令行中输入 PMMC，按回车键即可调用"剖面门窗"命令。

【课堂举例 8-19】　绘制剖面门窗

01　单击【立面】|【剖面门窗】菜单命令，或在命令行中输入 PMMC，按回车键；点取剖面墙线下端，如图 8-55 所示。

02　指定门窗下口到墙下端距离为 0，门窗的高度为 2100，绘制剖面门窗的结果如图 8-56 所示。

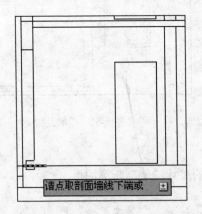

请点取剖面墙线下端或

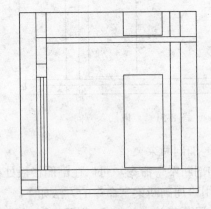

图 8-55　点取剖面墙线下端　　　　　　　　图 8-56　绘制结果

（6）剖面檐口

"剖面檐口"命令可以绘制檐口的剖面图形。

调用"剖面檐口"命令的方法如下。

① 屏幕菜单：单击【剖面】|【剖面檐口】菜单命令。

② 命令行：在命令行中输入 PMYK，按回车键即可调用"剖面檐口"命令。

【课堂举例8-20】 绘制剖面檐口

01 单击【立面】|【剖面檐口】菜单命令，或在命令行中输入 PMYK，按回车键；在弹出的【剖面檐口参数】对话框中设置参数，如图 8-57 所示。

02 单击"确定"按钮，在绘图区中指定剖面檐口的插入点，绘制结果如图 8-58 所示。

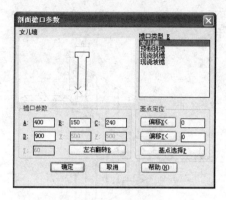

图 8-57 设置参数

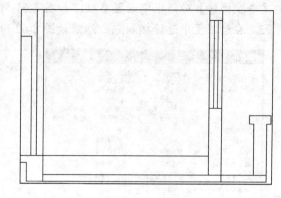

图 8-58 绘制结果

（7）门窗过梁

"门窗过梁"命令，可在剖面门窗上方绘制带填充图案的矩形过梁剖面。

调用"门窗过梁"命令的方法如下。

① 屏幕菜单：单击【剖面】|【门窗过梁】菜单命令。

② 命令行：在命令行中输入 MCGL，按回车键即可调用"门窗过梁"命令。

【课堂举例8-21】 绘制门窗过梁

01 单击【立面】|【门窗过梁】菜单命令，或在命令行中输入 MCGL，按回车键；选择需加过梁的剖面门窗，如图 8-59 所示。

02 输入梁高为 120，绘制门窗过梁的结果如图 8-60 所示。

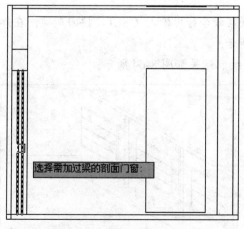

图 8-59 选择剖面门窗

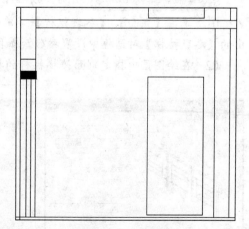

图 8-60 绘制结果

（8）参数楼梯

"参数楼梯"命令可以绘制单段或整段的楼梯剖面图形。

调用"参数楼梯"命令的方法如下。

① 屏幕菜单：单击【剖面】|【参数楼梯】菜单命令。

② 命令行：在命令行中输入 CSLT，按回车键即可调用"参数楼梯"命令。

【课堂举例 8-22】 绘制参数楼梯

01　单击【立面】|【参数楼梯】菜单命令，或在命令行中输入 CSLT，按回车键；在弹出的【参数楼梯】对话框中设置参数，如图 8-61 所示。

02　在绘图区中选择插入点，结果如图 8-62 所示。

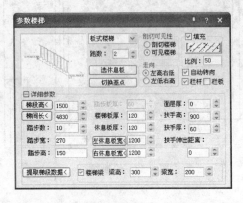

图 8-61　设置参数

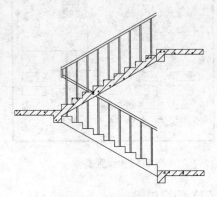

图 8-62　绘制结果

注意　假如不在【参数楼梯】对话框中设置"跑数"，则栏杆不能自动遮挡。

(9) 参数栏杆

"参数栏杆"命令可自定义生成楼梯栏杆。

调用"参数栏杆"命令的方法如下。

① 屏幕菜单：单击【剖面】|【参数栏杆】菜单命令。

② 命令行：在命令行中输入 CSLG，按回车键即可调用"参数栏杆"命令。

【课堂举例 8-23】 绘制参数栏杆

01　单击【立面】|【参数栏杆】菜单命令，或在命令行中输入 CSLT，按回车键；在弹出的【参数楼梯】对话框中设置参数，如图 8-63 所示。

02　在绘图区中指定剖面楼梯栏杆的插入点，绘制结果如图 8-64 所示。

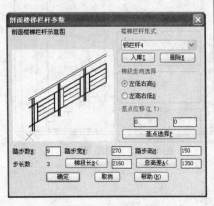

图 8-63　设置参数

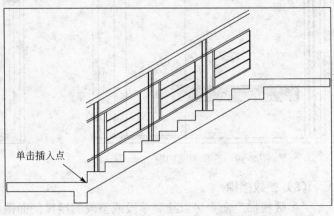

图 8-64　绘制结果

（10）楼梯栏杆

"楼梯栏杆"命令可按照常用的直栏杆样式绘制栏杆的剖面图，且能自动处理相邻梯跑栏杆的遮挡关系。

调用"楼梯栏杆"命令的方法如下。

① 屏幕菜单：单击【剖面】|【楼梯栏杆】菜单命令。

② 命令行：在命令行中输入 LTLG，按回车键即可调用"楼梯栏杆"命令。

【课堂举例 8-24】 绘制楼梯栏杆

01　单击【立面】|【楼梯栏杆】菜单命令，或在命令行中输入 LTLG，按回车键；在系统提示"请输入楼梯扶手的高度 <1000>:"、" 是否要打断遮挡线(Yes/No)? <Yes>:"时，按回车键确认。

02　指定楼梯扶手的起始点，如图 8-65 所示。

03　指定楼梯扶手的结束点，如图 8-66 所示。

04　再输入楼梯扶手的起始点，如图 8-67 所示。

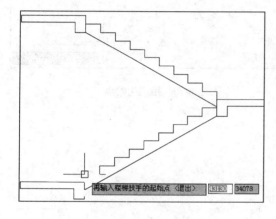

图 8-65　指定起始点

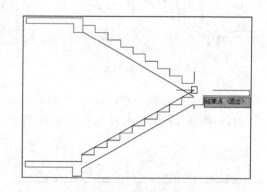

图 8-66　指定结束点

05　再输入楼梯扶手的结束点，如图 8-68 所示。

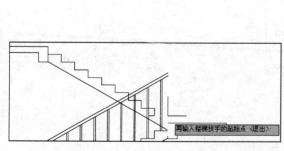

图 8-67　再输入起始点

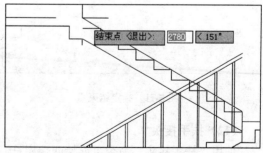

图 8-68　再输入结束点

06　楼梯栏杆的绘制结果如图 8-69 所示。

（11）楼梯栏板

使用"楼梯栏板"命令，可以在剖面楼梯上绘制楼梯栏板，被遮挡的部分将以虚线表示。

调用"楼梯栏板"命令的方法如下。

① 屏幕菜单：单击【剖面】|【楼梯栏板】菜单命令。

② 命令行：在命令行中输入 LTLB，按回车键即可调用"楼梯栏板"命令。

【课堂举例8-25】 绘制楼梯栏板

01 单击【立面】|【楼梯栏杆】菜单命令，或在命令行中输入 LTLB，按回车键；在系统提示"请输入楼梯扶手的高度<1000>"、"是否要将遮挡线变虚(Y/N)?"时，按回车键确认。

02 指定楼梯扶手的起始点，如图 8-70 所示。

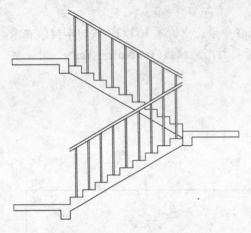

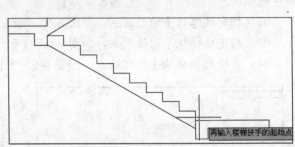

图 8-69 绘制结果   图 8-70 指定起始点

03 指定楼梯扶手的结束点，如图 8-71 所示。

04 楼梯栏板的绘制结果如图 8-72 所示。

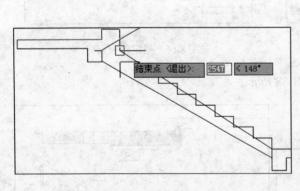

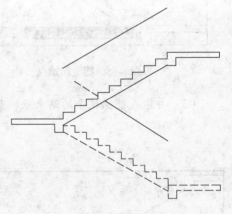

图 8-71 指定结束点   图 8-72 绘制结果

（12）扶手接头

使用"扶手接头"命令可连接两端栏杆，绘制扶手接头。

调用"扶手接头"命令的方法如下。

① 屏幕菜单：单击【剖面】|【扶手接头】菜单命令。

② 命令行：在命令行中输入 FSJT，按回车键即可调用"扶手接头"命令。

【课堂举例8-26】 绘制扶手接头

01 单击【立面】|【扶手接头】菜单命令，或在命令行中输入 FSJT，按回车键；在系

统提示"请输入扶手伸出距离<100>:"时按回车键; 提示"请选择是否增加栏杆[增加栏杆(Y)/不增加栏杆(N)]<增加栏杆(Y)>:"时, 输入 Y。

02 指定两点来确定需要连接的一对扶手, 如图 8-73 所示。

03 扶手接头的绘制结果如图 8-74 所示。

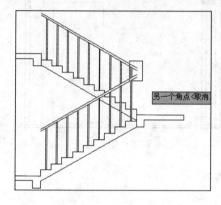

图 8-73 选择扶手

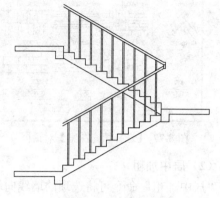

图 8-74 绘制结果

8.2.3 修饰剖面图

天正建筑软件提供了修饰剖面图的工具, 如剖面填充、剖面加粗等, 下面来介绍各种修饰工具的使用方法。

(1)剖面填充

使用"剖面填充"命令, 可自定义图案对剖面墙线、楼梯等进行填充。

调用"剖面填充"命令的方法如下。

① 屏幕菜单: 单击【剖面】|【剖面填充】菜单命令。

② 命令行: 在命令行中输入 PMTC, 按回车键即可调用"剖面填充"命令。

【课堂举例 8-27】 填充剖面图

01 单击【立面】|【剖面填充】菜单命令, 或在命令行中输入 PMTC, 按回车键; 选取要填充的剖面墙线梁板, 如图 8-75 所示。

02 按回车键, 打开【请点取所需的填充图案】对话框, 如图 8-76 所示; 单击"图案库"按钮。

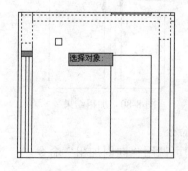

图 8-75 选择对象

图 8-76 【请点取所需的填充图案】对话框

03 在打开的【选择填充图案】对话框中选择填充图案, 如图 8-77 所示。

04　单击"确定"按钮，完成剖面填充的结果如图 8-78 所示。

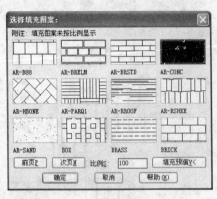

图 8-77 【选择填充图案】对话框

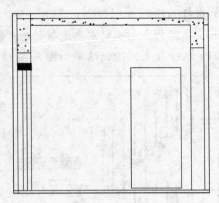

图 8-78　填充结果

（2）居中加粗

"居中加粗"命令可将选项的墙线向墙两侧加粗。

调用"居中加粗"命令的方法如下。

① 屏幕菜单：单击【剖面】|【居中加粗】菜单命令。

② 命令行：在命令行中输入 JZJC，按回车键即可调用"居中加粗"命令。

【课堂举例8-28】 居中加粗墙线

01　单击【立面】|【居中加粗】菜单命令，或在命令行中输入 JZJC，按回车键；选取要变粗的剖面墙线，如图 8-79 所示。

02　居中加粗的结果如图 8-80 所示。

（3）向内加粗

"向内加粗"命令可将选项的墙线向墙内侧加粗。

调用"向内加粗"命令的方法如下。

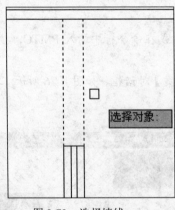

图 8-79　选择墙线

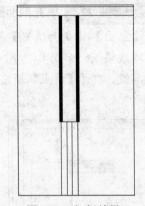

图 8-80　加粗结果

① 屏幕菜单：单击【剖面】|【向内加粗】菜单命令。

② 命令行：在命令行中输入 XNJC，按回车键即可调用"向内加粗"命令。

【课堂举例8-29】 向内加粗墙线

01　单击【立面】|【向内加粗】菜单命令，或在命令行中输入 XNJC，按回车键；选取

要变粗的剖面墙线，如图 8-81 所示。

02 向内加粗的结果如图 8-82 所示。

（4）取消加粗

"取消加粗"命令可将已进行居中加粗或向内加粗的线条恢复到普通线条的粗细。

调用"取消加粗"命令的方法如下。

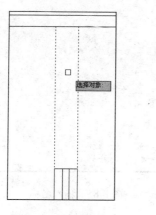

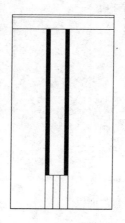

图 8-81 选择墙线　　　　图 8-82 加粗结果

① 屏幕菜单：单击【剖面】|【取消加粗】菜单命令。

② 命令行：在命令行中输入 QXJC，按回车键即可调用"取消加粗"命令。

8.3 典型实例——绘制住宅楼立面图

沿用前面所介绍的生成建筑立面图的方法，绘制如图 8-83 所示的住宅楼立面图。

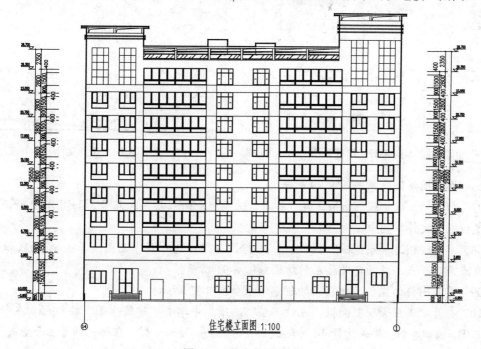

住宅楼立面图 1:100

图 8-83 住宅楼立面图

01　单击【文件布图】|【工程管理】菜单命令，或在命令行中输入 GCGL，按回车键；弹出"工程管理"面板，在工程管理的下拉列表中选择"新建工程"选项，如图 8-84 所示。

02　在打开的【另存为】对话框中输入工程的名称，单击"保存"按钮，如图 8-85 所示。

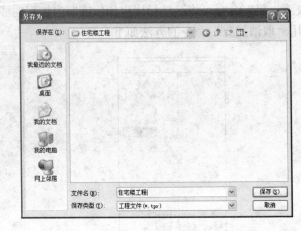

图 8-84　"工程管理"面板　　　　　　　　　　　图 8-85　输入名称

03　新建工程的结果如图 8-86 所示。

04　打开"工程管理"面板，在"图纸"选项栏中的"平面图"选项上，单击鼠标右键，在下拉菜单中选择"添加图纸选项"如图 8-87 所示。

05　打开【选择图纸】对话框，选择平面图文件，单击"打开"按钮，如图 8-88 所示。

图 8-86　新建工程　　图 8-87　选择"添加图纸选项"　　　　　图 8-88　选择文件

06　添加图纸的结果如图 8-89 所示。

07　打开"工程管理"面板，在"楼层"选项栏中输入层高和层号，如图 8-90 所示，将光标定位在"文件"列中。

08　单击"框选楼层范围"按钮，在绘图区中框选一层平面图，单击 A 轴线和 1 轴线的交点为对齐点，成功定义楼层的结果如图 8-91 所示。

09　重复同样的操作，楼层表的创建结果如图 8-92 所示。

10　打开"工程管理"面板，在"楼层"选项栏中单击"建筑立面"按钮，在命令行中输入 B，按回车键；接着选择 14 号轴线到 1 号轴线，按回车键；在弹出的【立面生成设置】对话框中设置参数，如图 8-93 所示，单击"生成立面"按钮。

图 8-89　添加结果　　　　图 8-90　输入结果　　　　图 8-91　定义楼层　　　　图 8-92　创建结果

11 在弹出的【输入要生成的文件】对话框中设置文件名，如图 8-94 所示，单击 "保存" 按钮。

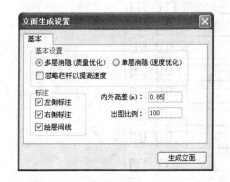

图 8-93　选择文件　　　　　　　　　　　　　图 8-94　设置文件名

12 生成立面图的结果如图 8-95 所示。

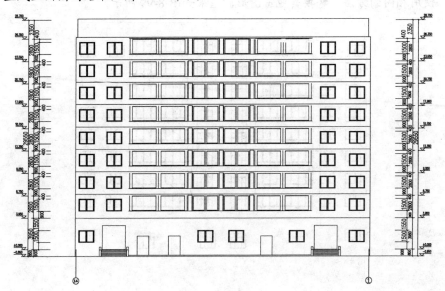

图 8-95　生成立面图

13   单击【立面】|【立面门窗】菜单命令，或在命令行中输入 LMMC，按回车键；在打开的【天正图库管理系统】对话框中选择立面窗样式，如图 8-96 所示。

14   双击立面窗样式，在打开的【图块编辑】对话框中设置参数，如图 8-97 所示。

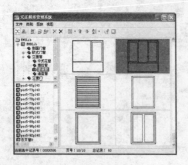

图 8-96   选择立面窗样式   图 8-97   设置参数

15   在绘图区中点取插入点，并将原有窗图形删除，结果如图 8-98 所示。

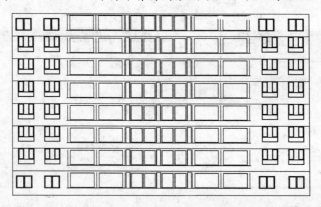

图 8-98   绘制结果

16   使用相同的方法，替换其他窗图形，结果如图 8-99 所示。

图 8-99   绘制结果

17　调用 RECTANG/REC 命令，绘制矩形；调用 EXPLODE/X 命令，分解矩形；调用 COPY/CO 命令，偏移矩形边，绘制如图 8-100 所示的窗图形。

18　单击【立面】|【立面门窗】菜单命令，或在命令行中输入 LMMC，按回车键；在打开的【天正图库管理系统】对话框中选择立面门样式，如图 8-101 所示。

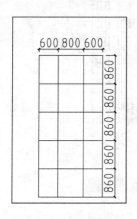

图 8-100　选择窗样式

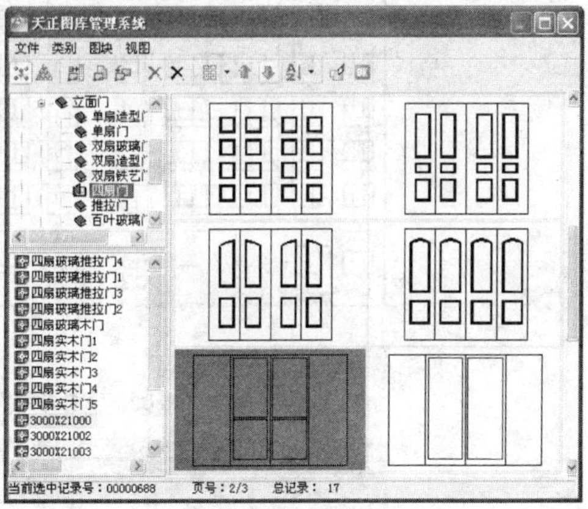

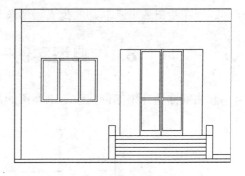

图 8-101　选择立面门样式

19　双击立面窗样式，在打开的【图块编辑】对话框中设置参数，如图 8-102 所示。

20　在绘图区中点取插入位置，结果如图 8-103 所示。

图 8-102　选择窗样式

图 8-103　点取插入位置

21　调用 LINE/L、OFFSET/O、TRIM/TR 命令，绘制顶部造型，如图 8-104 所示。

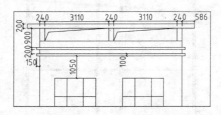

图 8-104　绘制顶部造型

22　单击【立面】|【立面轮廓】菜单命令，或在命令行中输入 LMLK，按回车键；输入轮廓线宽度为 80，按回车键，即可完成轮廓线的绘制，结果如图 8-105 所示。

23　单击【符号标注】/【图名标注】菜单命令，或在命令行输入 TMBZ，按回车键；在弹出的【图名标注】对话框中设置参数，如图 8-106 所示。

图 8-105   绘制轮廓线

图 8-106   设置参数

24   在绘图区中点取插入位置，结果如图 8-83 所示。

8.4   典型实例——创建办公楼剖面图

使用前面所介绍的创建建筑剖面图的知识，绘制如图 8-107 所示的办公楼剖面图。

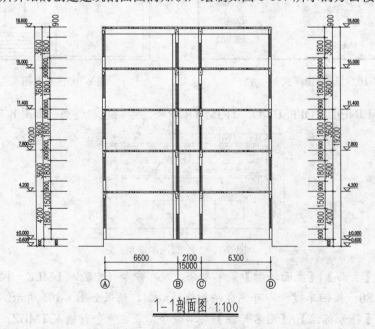

1—1剖面图 1:100

图 8-107   办公椅剖面图

01 沿用前面绘制住宅楼楼层表的知识，创建办公楼的楼层表，结果如图 8-108 所示。

02 在"工程管理"面板中的"楼层"选项栏中单击"建筑剖面"按钮图，在绘图区中选择一条剖切线；接着选择 A 号轴线到 D 号轴线，按回车键；在弹出的【剖面生成设置】对话框中设置参数，如图 8-109 所示，单击"生成剖面"按钮。

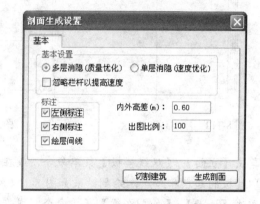

图 8-108　创建楼层表　　　　　　　图 8-109　【剖面生成设置】对话框

03 在弹出的【输入要生成的文件】对话框中设置文件名，如图 8-110 所示，单击"保存"按钮。

04 生成剖面图如图 8-111 所示。

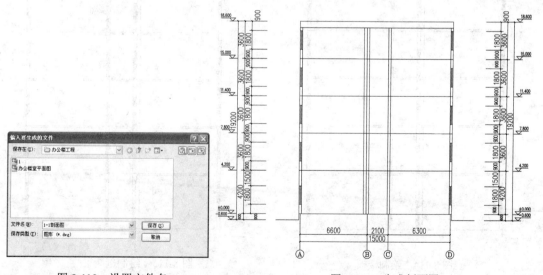

图 8-110　设置文件名　　　　　　　图 8-111　生成剖面图

05 单击【立面】|【剖面门窗】菜单命令，或在命令行中输入 PMMC，按回车键；输入 H，选择改窗高级选项；选择剖面窗，按回车键；输入窗高为 2600，按回车键完成修改，结果如图 8-112 所示。

06 调用 COPY/CO 命令，移动复制高度为 2000 的窗图形，结果如图 8-113 所示。

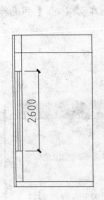

图 8-112　修改高度

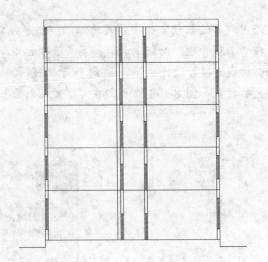

图 8-113　复制图形

07　单击【立面】|【双线楼板】菜单命令，或在命令行中输入 SXLB，按回车键；在绘图区中点取楼板的起点和终点，绘制结果如图 8-114 所示。

08　单击【立面】|【加剖断梁】菜单命令，或在命令行中输入 JPDL，按回车键；指定剖面梁的参照点，设置梁左侧到参照点的距离为 300，梁右侧到参照点的距离为 0，梁底边到参照点的距离为 480，绘制剖断梁的结果如图 8-115 所示。

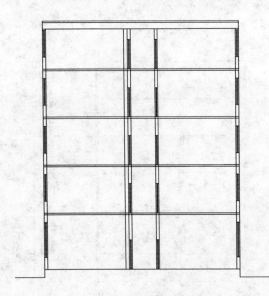

图 8-114　绘制楼板

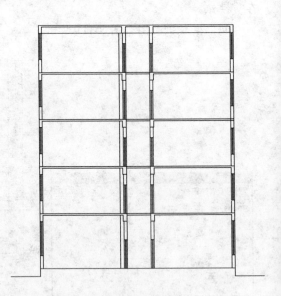

图 8-115　绘制剖断梁

09　单击【立面】|【剖面填充】菜单命令，或在命令行中输入 PMTC，按回车键；选取要填充的剖面墙线梁板，按回车键；打开【墙点取所需的填充图案】对话框，如图 8-116 所示；单击"图案库"按钮。

10　在打开的【选择填充图案】对话框中选择填充图案，如图 8-117 所示。

11　单击"确定"按钮，完成剖面填充的结果如图 8-118 所示。

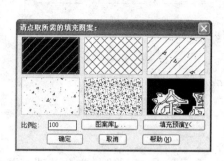

图 8-116 绘制楼板

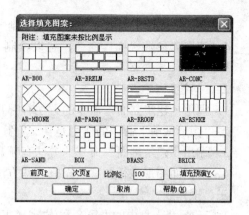

图 8-117 绘制剖断梁

12 单击【符号标注】/【图名标注】菜单命令，或在命令行输入 TMBZ，按回车键；在弹出的【图名标注】对话框中设置参数，如图 8-119 所示。

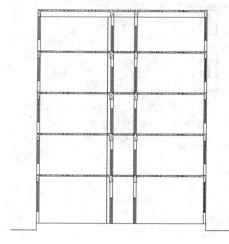

图 8-118 填充结果

图 8-119 设置参数

13 在绘图区中点取插入位置，结果如图 8-107 所示。

8.5 本 章 小 结

建筑立面图和剖面图是建筑制图中比较重要的内容，本章介绍了绘制和编辑立面、剖面图的方法。其中，生成立面图及剖面图是本章的重点；绘制、编辑立面门窗是深化立面图中的难点；绘制剖面门窗、参数楼梯等是加深剖面图的难点。读者应在这几个方面加强练习，以巩固所学的知识。

8.6 思考与练习

一、填空题

1. 生成立面图的第一步是_____。

2. "_____"命令可以替换或创建立面门窗。

3．绘制剖面图之前要在平面图上绘制_____。

4．调用"参数楼梯"命令，可以绘制_____、_____、_____、_____四种形式的楼梯。

二、问答题

1．调用"建筑立面"命令的方法有哪几种？

2．"图形裁剪"命令的作用是什么？其调用方法是什么？

3．调用"建筑剖面"命令的方法有哪几种？

4．对剖面图形进行图案填充有哪些方法。

三、操作题

1．打开配套光盘中的"第8章/住宅楼工程/住宅楼平面图.dwg"文件，在此基础上生成如图 8-120 所示的立面图。

图 8-120　生成立面图

2．打开配套光盘中的"第8章/住宅楼工程/住宅楼平面图.dwg"文件，在此基础上生成如图 8-121 所示的剖面图。

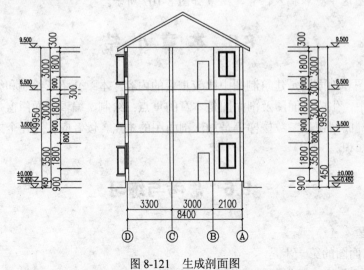

图 8-121　生成剖面图

第9章 三维建模及图形导出

在天正建筑软件中绘制建筑图形，可以同步生成三维图形，但如果要创建完整的三维建筑模型，还需要创建一些三维构件。本章主要介绍一些特殊的三维造型的绘制方法以及图形导出的技巧。

9.1 三维造型对象

天正建筑软件提供的造型对象可以创建如遮阳板、雨棚等三维图形，下面介绍其绘制方法。

9.1.1 平板

调用"平板"命令，可绘制构造式构件。

调用"平板"命令的方法如下。

① 屏幕菜单：单击【三维建模】|【造型对象】|【平板】菜单命令。

② 命令行：在命令行中输入 PB，按回车键即可调用"平板"命令。

【课堂举例9-1】 绘制如图 9-1 所示的平板

01 单击【三维建模】|【造型对象】|【平板】菜单命令，或在命令行中输入 PB，按回车键；选择一封闭的多段线，如图 9-2 所示。

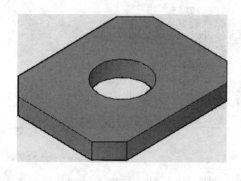

图 9-1 绘制平板

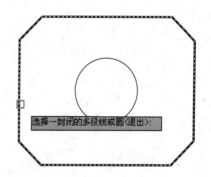

选择一封闭的多段线或圆〈退出〉:

图 9-2 选择多段线

02 在命令行提示"请选择邻接的墙(或门窗)和柱:"、" 是否认为两端点接邻一段直墙?[是(Y)/否(N)]<Y>"时，直接按回车键确认。

03 选择作为板内洞口的封闭的圆，如图 9-3 所示。

04 输入板厚值为 300，平板的绘制结果如图 9-1 所示。

提示 双击绘制完成的平板图形，在弹出的快捷菜单中可以选择相应的选项并对其进行修改，如图 9-4 所示。

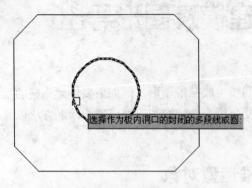

图 9-3　选择圆

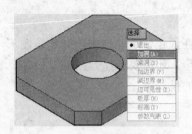

图 9-4　编辑平板

9.1.2　竖板

使用"竖板"命令可以创建垂直方向上的板，如雨棚和阳台隔板等。

调用"竖板"命令的方法如下。

① 屏幕菜单：单击【三维建模】|【造型对象】|【竖板】菜单命令。

② 命令行：在命令行中输入 SB，按回车键即可调用"竖板"命令。

【课堂举例 9-2】　绘制如图 9-5 所示的竖板

01　单击【三维建模】|【造型对象】|【竖板】菜单命令，或在命令行中输入 SB，按回车键；在绘图区中分别单击指定竖板的起点和终点，按两次回车键，确认竖板的起点和终点标高都为 0，根据命令行的提示设置其他参数，如图 9-6 所示。

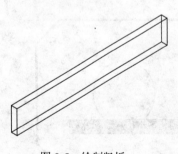

图 9-5　绘制竖板

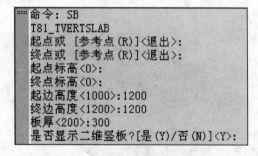

```
命令: SB
T81_TVERTSLAB
起点或 [参考点(R)]<退出>：
终点或 [参考点(R)]<退出>：
起点标高<0>：
终点标高<0>：
起边高度<1000>:1200
终边高度<1200>:1200
板厚<200>:300
是否显示二维竖板?[是(Y)/否(N)]<Y>：
```

图 9-6　设置参数

02　命令行提示"是否显示二维竖板?[是(Y)/否(N)]<Y>"时，按回车键确认显示二维竖板，绘制结果如图 9-5 所示。

提示　双击绘制完成的竖板图形，在弹出的快捷菜单中可以选择相应的选项对其进行修改，如图 9-7 所示。

9.1.3　路径曲面

使用"路径曲面"命令，可沿指定的路径放样截面图形，是创建三维模型常用的方法之一。

调用"路径曲面"命令的方法如下。

① 屏幕菜单：单击【三维建模】|【造型对象】|【路径曲面】菜单命令。

② 命令行：在命令行中输入 LJQM，按回车键即可调用"路径曲面"命令。

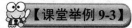【课堂举例 9-3】 绘制如图 9-8 所示的路径曲面

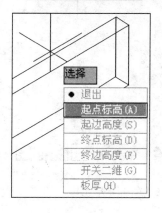

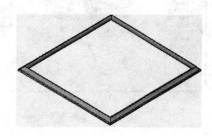

图 9-7　编辑竖板　　　　　　　　　　　　图 9-8　路径曲面

01　单击【三维建模】|【造型对象】|【路径曲面】菜单命令，或在命令行中输入 LJQM，按回车键；弹出【路径曲面】对话框，如图 9-9 所示。

02　单击"选择路径曲线或可绑定对象"选项组中的 按钮，在绘图区中选择作为路径的曲线，如图 9-10 所示；按回车键返回【路径曲面】对话框。

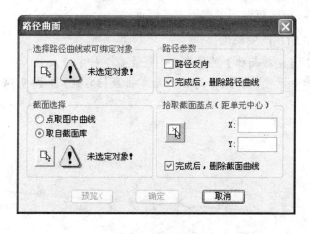

图 9-9　设置参数　　　　　　　　　　　　图 9-10　选择路径

03　单击"截面选择"选项组下的"取自截面库"单选按钮，单击其下方的 按钮，在打开的【天正图库管理系统】对话框中选择截面图形，如图 9-11 所示。

04　双击截面图形，返回【路径曲面】对话框；单击"拾取截面基点（距单元中心）"选项组下的 ，在绘图区中单击指定单元基点，如图 9-12 所示。

05　返回【路径曲面】对话框，单击"确定"按钮，关闭对话框，完成路径曲面的绘制结果如图 9-8 所示。

技巧 双击路径曲面，可以对其进行编辑修改。

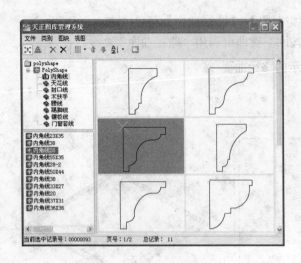

图 9-11   选择截面图形

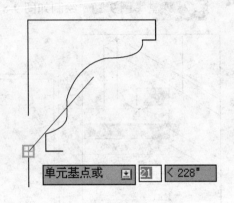

图 9-12   指定单元基点

9.1.4   变截面体

"变截面体"命令，可以沿路径曲线放样两个或三个截面，不同截面之间平滑过渡，常用于创造建筑造型。

调用"变截面体"命令的方法如下。

① 屏幕菜单：单击【三维建模】|【造型对象】|【变截面体】菜单命令。

② 命令行：在命令行中输入 BJMT，按回车键即可调用"变截面体"命令。

【课堂举例 9-4】 绘制如图 9-13 所示的变截面体

01   单击【三维建模】|【造型对象】|【变截面体】菜单命令，或在命令行中输入 BJMT，按回车键；选择路径曲线的上端，分别选择 1 号、2 号、3 号截面后单击鼠标右键，如图 9-14所示。

图 9-13   变截面体

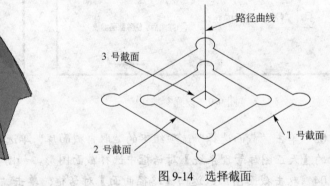

图 9-14   选择截面

02   单击路径上的一点作为 2 号截面的位置，如图 9-15 所示。

03   变截面体的绘制结果如图 9-13 所示。

9.1.5   等高建模

使用"等高建模"命令，可将选定的一组等高线生成自定义对象的三维地面模型，在规划设计中常用到。

调用"等高建模"命令的方法如下。

① 屏幕菜单：单击【三维建模】|【造型对象】|【等高建模】菜单命令。

② 命令行：在命令行中输入 DGJM，按回车键即可调用"等高建模"命令。

【课堂举例 9-5】绘制如图 9-16 所示的三维地面模型

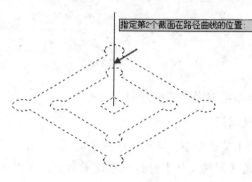

图 9-15　指定位置

图 9-16　三维地面模型的等高建模

01　调用 PLINE/PL 命令，绘制如图 9-17 所示的多段线。

02　按组合键 Ctrl+1，打开"特性"面板，设置"标高"参数如图 9-18 所示。

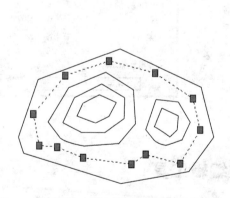

图 9-17　绘制多段线

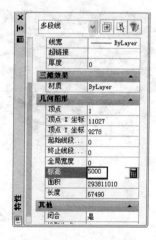

图 9-18　设置参数

03　使用同样的方法，修改其他多段线的标高值，结果如图 9-19 所示。

04　单击【三维建模】|【造型对象】|【等高建模】菜单命令，或在命令行中输入 DGJM，按回车键；框选多段线，如图 9-20 所示，按回车键。

05　等高建模的效果如图 9-16 所示。

9.1.6　三维网架

"三维网架"命令可绘制有球节点的等直径空间钢管网架三维模型。

调用"三维网架"命令的方法如下。

① 屏幕菜单：单击【三维建模】|【造型对象】|【三维网架】菜单命令。

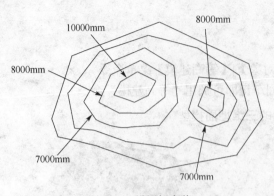

图 9-19 设置标高值

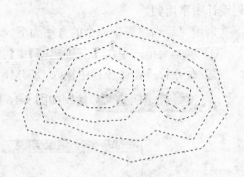

图 9-20 选择对象

② 命令行：在命令行中输入 SWWJ，按回车键即可调用"三维网架"命令。

【课堂举例 9-6】 绘制如图 9-21 所示的三维网架

01 单击【三维建模】|【造型对象】|【三维网架】菜单命令，或在命令行中输入 SWWJ，按回车键；框选直线或多段线，按回车键，在弹出的【网架设计】对话框中设置参数，如图 9-22 所示。

02 单击"确定"按钮，关闭对话框，三维网架的绘制结果如图 9-21 所示。

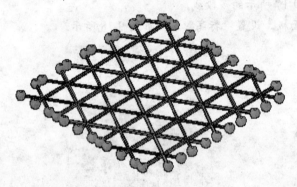

图 9-21 三维网架

图 9-22 设置参数

9.2 三维编辑工具

天正建筑提供了"线转面"、"实体转面"、"面片合成"等三维编辑工具，可将指定的二维图形转换成三维图形，本节将介绍这些工具的使用方法。

9.2.1 线转面

使用"线转面"命令，可将二维图形转换成三维网格面。
调用"线转面"命令的方法如下。

① 屏幕菜单：单击【三维建模】|【编辑工具】|【线转面】菜单命令。

② 命令行：在命令行中输入 XZM，按回车键即可调用"线转面"命令。

【课堂举例 9-7】 绘制如图 9-23 所示的线转面

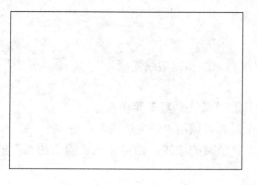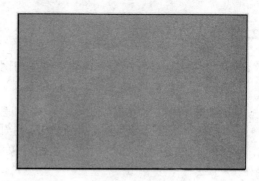

图 9-23 线转面的结果

01 单击【三维建模】|【编辑工具】|【线转面】菜单命令，或在命令行中输入 XZM，按回车键；选择构成面的边，如图 9-24 所示。

02 在命令行提示"是否删除原始的边线?[是(Y)/否(N)]<Y>:"时，输入 N，如图 9-25 所示。

03 线转面的结果如图 9-23 所示。

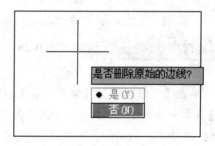

图 9-24 选择边   图 9-25 输入 N

9.2.2 实体转面

使用"实体转面"命令，可将 AuToCAD 实体转换成网格面对象。

调用"实体转面"命令的方法如下。

① 屏幕菜单：单击【三维建模】|【编辑工具】|【实体转面】菜单命令。

② 命令行：在命令行中输入 STZM，按回车键即可调用"实体转面"命令。

调用"实体转面"命令后，选择需转换成面的实体后按回车键，即可将实体模型转换成面模型。

9.2.3 面片合成

使用"面片合成"命令，可将三维面转换成网格面对象。

调用"面片合成"命令的方法如下。

① 屏幕菜单：单击【三维建模】|【编辑工具】|【面片合成】菜单命令。

② 命令行：在命令行中输入 MPHC，按回车键即可调用"面片合成"命令。

调用"面片合成"命令后，选择需合成的三维面后按回车键，即可将其合并为一个更大的三维网格面。

9.2.4 隐去边线

使用"隐去边线"命令，可将三维面与网格面对象的指定边线隐藏。

调用"隐去边线"命令的方法如下。

① 屏幕菜单：单击【三维建模】|【编辑工具】|【隐去边线】菜单命令。

② 命令行：在命令行中输入 YQBX，按回车键即可调用"隐去边线"命令。

调用"隐去边线"命令后，单击面对象中需要隐藏的边线，即可完成"隐去边线"的操作。

9.2.5 三维切割

使用"三维切割"命令，可将三维模型进行切割，切割处自动添加红色面。

调用"三维切割"命令的方法如下。

① 屏幕菜单：单击【三维建模】|【编辑工具】|【三维切割】菜单命令。

② 命令行：在命令行中输入 SWQG，按回车键即可调用"三维切割"命令。

【课堂举例9-8】 创建如图 9-26 所示的三维切割

01 单击【三维建模】|【编辑工具】|【三维切割】菜单命令，或在命令行中输入 SWQG，按回车键；选择需要剖切的三维对象，如图9-27 所示。

02 指定切割直线起点，如图 9-28 所示。

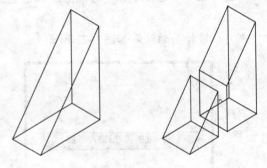

图 9-26 三维切割

图 9-27 选择对象

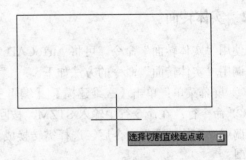

图 9-28 指定起点

03 指定切割直线终点，如图 9-29 所示。

04 三维切割的结果如图 9-26 所示。

9.2.6 厚线变面

"厚线变面"命令，可将具有厚度的曲线转换成面。

调用"厚线变面"命令的方法如下。

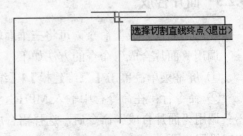

图 9-29 指定终点

① 屏幕菜单：单击【三维建模】|【编辑工具】|【厚线变面】菜单命令。

② 命令行：在命令行中输入 HXBM，按回车键即可调用"厚线变面"命令。

调用"厚线变面"命令后，选择具有厚度的曲线后按回车键，即可完成"厚线变面"的操作。

9.2.7　线面加厚

使用"线面加厚"命令，可将所选的曲线沿 Z 轴方向进行拉伸，使其成为曲面对象。

调用"线面加厚"命令的方法如下。

① 屏幕菜单：单击【三维建模】|【编辑工具】|【线面加厚】菜单命令。

② 命令行：在命令行中输入 XMJH，按回车键即可调用"线面加厚"命令。

调用"线面加厚"命令后，选择需要拉伸的对象后按回车键，指定拉伸高度，即可完成"线面加厚"的操作。

9.3　图　形　导　出

本节就软件的兼容问题，介绍在天正建筑软件中图形导出中相关问题的解决方法。

9.3.1　旧图转换

"旧图转换"命令可将使用低版本天正软件绘制的平面图进行转换，将图形对象表示的内容升级到新版本的专业对象格式。

调用"旧图转换"命令的方法如下。

① 屏幕菜单：单击【文件布图】|【旧图转换】菜单命令。

② 命令行：在命令行中输入 JTZH，按回车键即可调用"旧图转换"命令。

图 9-30　指定终点

调用"旧图转换"命令后，按回车键可弹出如图 9-30 所示的【旧图转换】对话框，单击"确定"按钮，即可完成图形的转换。

> **注意**　在【旧图转换】对话框中勾选"局部转换"复选框，可对图形的局部区域进行转换。

9.3.2　图形导出

使用"图形导出"命令，可将使用 TArch 8.5 绘制的图形导出为低版本的 TArch 图形。

调用"图形导出"命令的方法如下。

① 屏幕菜单：单击【文件布图】|【图形导出】菜单命令。

② 命令行：在命令行中输入 TXDC，按回车键即可调用"图形导出"命令。

调用"图形导出"命令后，在弹出如图 9-31 所示的【图形导出】对话框中设置保存类型及文件名，单击"保存"按钮，即可将图形导出。

9.3.3　图纸保护

"图纸保护"命令，可对指定的图形对象进行合并处理，从而创建不能修改的只读对象，在用户发布图形时保留原有的显示特性，只能被观察或打印。

调用"图纸保护"命令的方法如下。

① 屏幕菜单：单击【文件布图】|【图纸保护】菜单命令。

② 命令行：在命令行中输入 TZBH，按回车键即可调用"图纸保护"命令。

调用"图纸保护"命令后，选择需要被保护的图元，按回车键，在弹出的【图纸保护设置】对话框中设置参数，如图 9-32 所示；单击"确定"按钮，即可创建图纸保护。

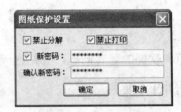

图 9-31　【图形导出】对话框　　　　图 9-32　【图纸保护设置】对话框

9.3.4　插件发布

使用"插件发布"命令，可将随天正建筑附带的天正对象解释插件发布到指定的路径中，帮助用户观察或打印带有天正对象的文件。

调用"插件发布"命令的方法如下。

① 屏幕菜单：单击【文件布图】|【插件发布】菜单命令。

② 命令行：在命令行中输入 CJFB，按回车键即可调用"插件发布"命令。

调用"插件发布"命令后，在打开如图 9-33 所示的【另存为】对话框中设置存储路径后，单击"保存"按钮，即可完成"插件发布"的操作。

图 9-33　【另存为】对话框

9.4　本　章　小　结

本章主要介绍了三维造型对象的创建方法，以及三维编辑工具的使用方法，其中，平板、竖板、路径曲面、栏杆库和路径排列等三维造型命令使用广泛，常用于制作建筑装饰各种造型，读者应重点掌握其使用方法。

9.5　思考与练习

一、填空题

1. 使用"_____"命令，可沿指定的路径放样截面图形，是创建三维模型常用的方法之一。

2. "_____"命令可绘制有球节点的等直径空间钢管网架三维模型。

3. 可将二维图形转换成三维网格面的命令是_____。

4. 使用"_____"命令，可将使用 TArch8.5 绘制的图形导出为低版本的 TArch 图形。

二、问答题

1. 调用"平板"的命令的方法有哪些？

2. 调用"线转面"的命令的方法有哪些？

三、操作题

1. 绘制如图 9-34 所示的阳台遮阳板。

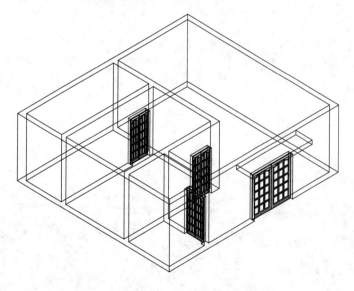

图 9-34　阳台遮阳板

提示　调用 PLINE/PL 命令，绘制封闭的多段线；调用"平板"命令，绘制板厚为 200 的平板；将视图转换成西南等轴测视图。

2. 使用书中介绍的三维建模知识绘制各种常见的三维模型。